# 微积分基础

## （第 2 版）

赵 坚 顾静相 编

国家开放大学出版社·北京

图书在版编目（CIP）数据

微积分基础/赵坚，顾静相编. —2 版. —北京：·
国家开放大学出版社，2021.1（2022.11 重印）

ISBN 978 - 7 - 304 - 10641 - 6

Ⅰ.①微…　Ⅱ.①赵…②顾…　Ⅲ.①微积分 - 开放
大学 - 教材　Ⅳ.①O172

中国版本图书馆 CIP 数据核字（2021）第 001254 号

微积分基础（第 2 版）

WEIJIFEN JICHU

赵　坚　顾静相　编

出版·发行：国家开放大学出版社

电话：营销中心 010 - 68180820　　　　总编室 010 - 68182524

网址：http://www.crtvup.com.cn

地址：北京市海淀区西四环中路 45 号　　邮编：100039

经销：新华书店北京发行所

策划编辑：陈 蕊　　　　　　　　版式设计：何智杰

责任编辑：邹伯夏　　　　　　　　责任校对：张　娜

责任印制：武 鹏 马 严

印刷：北京银祥印刷有限公司

版本：2021 年 1 月第 2 版　　　　2022 年 11 月第 5 次印刷

开本：787mm × 1092mm　1/16　　印张：12　　字数：262 千字

书号：ISBN 978 - 7 - 304 - 10641 - 6

定价：24.00 元

意见及建议：OUCP_KFJY@ ouchn. edu. cn

# 第 2 版前言

国家开放大学的《微积分基础（第 2 版）》文字教材是在 2015 年国家开放大学出版社出版的《微积分基础》的基础上修订完成的。5 年来，我们国家的科学技术及社会各项事业快速发展，为了更好地适应我国高等教育事业的发展，满足社会对技术应用型人才的发展需求，作为一本国家开放大学计算机信息管理等专业的指定基础课教材有必要进行一定程度上的修订与更新。

在修订过程中，编者充分考虑到所面对的学习者的组成结构及专业培养目标对课程的要求，对第一版中相应部分的例题、习题及辅导内容进行了修改和更新，旨在帮助学习者更好地理解和掌握课程的基本概念和基本计算，并通过本课程的学习，掌握一定的数学应用思想，提高学习者分析问题和解决问题的能力。

同时，《微积分基础（第 2 版）》对书后的参考文献进行了更新。

国家开放大学出版社陈蕊编辑对第二版书稿的修订、编排和完善做了大量工作，在此表示衷心感谢！

编　者
2020 年 7 月

# 第 1 版前言

本教材遵照国家开放大学（中央广播电视大学）2012 年制定的数控技术等专业教学实施方案，以及数控技术等专业和广播电视大学理工科高职高专的公共数学课程要求而编写。

本教材吸收了近年来职业教育关于数学课程教学改革和教材建设的宝贵经验，并结合理工科高职高专学生的实际需要，在编写过程中注重以下四方面：

（1）明确学习对象，充分考虑到利用多种媒体进行远程学习的特点。

（2）不追求数学理论上的系统性，削减纯理论或与理工科高职高专的实际应用不直接、在后续课程中运用不多或不集中的内容。

（3）注意启发式和几何直观，方便学生对于教学内容的理解和掌握。

（4）强调对基本知识和基本运算的掌握，避免教学内容中的复杂计算、技巧和变换。

本教材由国家开放大学赵坚教授和顾静相教授编写，具体编写分工如下：第 1 章、第 2 章和第 4 章由赵坚编写，第 3 章和第 5 章由顾静相编写。全书的编写工作由赵坚主持。北京师范大学丁勇教授等对本教材初稿进行了审定，并提出了许多宝贵意见和建议。中央广播电视大学出版社王可编辑对本书的出版付出了辛勤的劳动，在此一并表示衷心的感谢。

由于时间仓促，加之编者水平有限，书中不妥之处在所难免，恳请广大读者和同人不吝批评指正。

编　者
2015 年 3 月

# 目　　录

引言　一元微积分 ……………………………………………… ( 1 )

第1章　函数、极限与连续 ………………………………………… ( 2 )

　1.1　函数的概念 …………………………………………… ( 2 )
　　练习1.1 …………………………………………………… ( 11 )
　1.2　极限的概念与计算 …………………………………… ( 12 )
　　练习1.2 …………………………………………………… ( 20 )
　1.3　函数的连续性 ………………………………………… ( 21 )
　　练习1.3 …………………………………………………… ( 24 )
　本章小结 ……………………………………………………… ( 25 )
　习题1 ………………………………………………………… ( 25 )
　学习指导 ……………………………………………………… ( 27 )

第2章　导数与微分 ………………………………………………… ( 36 )

　2.1　导数的概念 …………………………………………… ( 36 )
　　练习2.1 …………………………………………………… ( 44 )
　2.2　导数公式与求导法则 ………………………………… ( 44 )
　　练习2.2 …………………………………………………… ( 54 )
　2.3　高阶导数 ……………………………………………… ( 54 )
　　练习2.3 …………………………………………………… ( 56 )
　本章小结 ……………………………………………………… ( 56 )
　习题2 ………………………………………………………… ( 57 )

学习指导 ……………………………………………………………………（58）

**第3章 导数的应用** ………………………………………………………（66）

3.1 函数的单调性 ……………………………………………………（66）
练习3.1 …………………………………………………………（69）
3.2 函数的极值 ………………………………………………………（69）
练习3.2 …………………………………………………………（75）
3.3 导数应用举例 ……………………………………………………（75）
练习3.3 …………………………………………………………（82）
本章小结 ………………………………………………………………（82）
习题3 ……………………………………………………………………（83）
学习指导 ………………………………………………………………（84）

**第4章 不定积分与定积分** …………………………………………………（92）

4.1 不定积分 …………………………………………………………（92）
练习4.1 …………………………………………………………（97）
4.2 换元积分法和分部积分法 ………………………………………（98）
练习4.2 …………………………………………………………（104）
4.3 定积分 ……………………………………………………………（104）
练习4.3 …………………………………………………………（111）
4.4 无限区间上的广义积分 …………………………………………（111）
练习4.4 …………………………………………………………（113）
本章小结 ………………………………………………………………（113）
习题4 ……………………………………………………………………（114）
学习指导 ………………………………………………………………（115）

**第5章 积分的应用** ………………………………………………………（128）

5.1 积分的几何应用 …………………………………………………（128）
练习5.1 …………………………………………………………（135）
5.2 微分方程 …………………………………………………………（136）
练习5.2 …………………………………………………………（152）

本章小结 …………………………………………………（153）

习题 5 ……………………………………………………（154）

学习指导 …………………………………………………（156）

**参考文献** ………………………………………………（167）

**习题答案** ………………………………………………（168）

# 引言　一元微积分

微积分是应用最广泛的数学分支之一．现在没有哪所大学的理工科学生不学习微积分，许多大学社会科学方面的学生也要学习微积分．人们已经不仅仅把微积分看作一门数学课程，这是由于微积分中蕴含了许多深刻的哲学思想，如变量与常量、有限与无限、收敛与发散等，它们无不体现出对立统一和辩证法的思想．如果仅把学习微积分看作掌握一种数学知识，那么学生学习的收获就会小很多．数学家德谟林（Demollins）曾经说过："没有数学，我们无法看透哲学的深度；没有哲学，人们无法看透数学的深度；而若没有两者，人们就什么也看不透．"

恩格斯曾经指出："数学中的转折点是笛卡尔的变数．有了变数，运动进入了数学；有了变数，辩证法进入了数学；有了变数，微分和积分也就立刻成为必要的了⋯⋯"实际上，与笛卡尔同时代的伟大数学家费马对解析几何的创立也有重要贡献．而解析几何的创立是微积分产生的序曲．微积分的起源主要来自两方面：一是一些力学和天文学问题，如求变速运动的瞬时速度、加速度、路程等问题；二是几何方面的一些经典问题，如求曲线的切线、曲线的长度、不规则几何图形的面积和体积等问题．这些古老的问题在古代就有许多数学家研究过，实际上，当时人们遇到的两类问题就是今天的微分学和积分学问题，但是这两类问题很久都没有被联系起来．发现这两类问题之间的显著联系的是牛顿和莱布尼茨，联系的桥梁就是著名的牛顿－莱布尼茨公式．微积分的发展在科学史上具有非凡的意义．

现在微积分的内容安排总是按照函数、极限、连续、导数、微分、积分这个顺序，但实际上，极限和连续的概念产生于微积分之后．微积分这座辉煌的大厦刚开始建立时，基础是很不牢固的，极限、连续等概念正是在加固微积分基础的时候产生的．19 世纪，在柯西、维尔斯特拉斯等数学家的共同努力下，才完成了微积分的严格化．

在本书中，我们主要学习一元微积分最基本的知识，只涉及函数、极限、连续、导数、微分、不定积分和定积分等最基本的内容．最感遗憾的是，由于篇幅的限制，本书无法介绍微积分丰富的应用实例．

# 第1章 函数、极限与连续

## 导言

　　微积分以变量为研究对象，本章将介绍变量、函数、极限和函数的连续性等基本概念及性质.

## 学习目标

　　1. 了解常量和变量的概念；理解函数的概念；了解初等函数和分段函数的概念；熟练掌握求函数的定义域和函数值的方法；掌握将复合函数分解成较简单函数的方法.

　　2. 了解极限的概念，会求简单极限.

　　3. 了解函数连续的概念，会判断函数的连续性，并会求函数的间断点.

## 1.1　函数的概念

### 1.1.1　常量与变量

　　当我们研究一种自然现象或社会现象时，所遇到的量可分为两类：常量和变量. 在研究过程中保持不变的量称为**常量**，而发生变化的量称为**变量**. 例如，圆的周长与直径之比是一个常量，称为圆周率，记作 $\pi$. 又如，汽车在某一段时间内行驶的路程是一个变量，它是随行驶的时间变化的.

　　需要指出的是，常量和变量都是相对的概念. 同一个量在一定的条件下或在某个问题中是常量，而在另一个条件下或另一个问题中则可能是变量. 例如，人民币的银行存款利率，在短期内（如一个季度）可以是常量，在较长的一段时间（如 10 年）就是一个变量.

　　通常用字母 $a$，$b$，$c$，…表示常量，用字母 $x$，$y$，$z$，$t$，$u$，…表示变量.

　　本书如无特别说明，假定各种量所取的数值都是实数. 由实数组成的集合称为**数集**.

如果变量 $x$ 的变化是连续不断的，则它的变化范围可以用区间来表示．常用区间有以下几类：

（1）涵盖整个数轴的区间，记作 $(-\infty, +\infty)$，它表示 $x$ 适合 $-\infty < x < +\infty$．

（2）对于给定的实数 $a$，以 $a$ 为左端点而右边不加限制的区间，按端点是否包含在该区间内，可分别记作 $[a, +\infty)$ 和 $(a, +\infty)$，分别表示变量 $x$ 适合 $a \leqslant x < +\infty$ 和 $a < x < +\infty$；类似地，可以定义以 $a$ 为右端点而左边不加限制的区间，按端点是否包含在区间内可记为 $(-\infty, a]$ 和 $(-\infty, a)$，分别表示变量 $x$ 适合 $-\infty < x \leqslant a$ 和 $-\infty < x < a$．

（3）对于适合 $a < b$ 的实数，以及 $a$，$b$ 分别为左、右端点的区间有以下 4 种：

① $[a, b]$ 表示 $a \leqslant x \leqslant b$，称为闭区间．

② $(a, b)$ 表示 $a < x < b$，称为开区间．

③ $[a, b)$ 表示 $a \leqslant x < b$，称为左闭右开区间．

④ $(a, b]$ 表示 $a < x \leqslant b$，称为左开右闭区间．

上述类型（1）和类型（2）统称为无限区间，类型（3）称为有限区间．

设 $a$ 为实数，$\delta$ 为正数，满足不等式 $|x - a| < \delta$ 的实数 $x$ 的全体称为点 $a$ 的 $\delta$ 邻域，它相当于集合 $\{x \mid x \in \mathbf{R}, |x - a| < \delta\}$（其中 $\mathbf{R}$ 为实数集）．此时，点 $a$ 称为该邻域的中心，$\delta$ 称为该邻域的半径．显然，以点 $a$ 为中心的 $\delta$ 邻域就是长度为 $2\delta$ 的开区间 $(a - \delta, a + \delta)$．有时用到的邻域会将邻域的中心去掉，点 $a$ 的 $\delta$ 邻域去掉中心 $a$ 后，称为点 $a$ 的**去心 $\delta$ 邻域**，它就是集合 $\{x \mid x \in \mathbf{R}, 0 < |x - a| < \delta\}$．

## 1.1.2　函数的定义

在一个过程中出现两个变量，它们通常不是彼此独立地变化，而是一个变量的变化会引起另一个变量跟随它做相应的变化．其中一个是主动变化的量，另一个是被动变化的量．例如，由于时间的变化，行驶的路程随之相应地变化，时间是主动变化的量，而路程是被动变化的量，在路程与时间这两个变量之间存在对应关系．实际上，这样的对应关系是由某种对应法则决定的，这样的对应关系称为变量之间的函数关系．

**定义 1.1**　设 $x$，$y$ 是两个变量，如果当 $x$ 在其变化范围内任意取定一个数值时，$y$ 按照一定的关系，总有唯一确定的数值与其对应，则称 $y$ 为 $x$ 的**一元函数**，简称**函数**，记作

$$y = f(x)$$

其中 $x$ 称为**自变量**，$y$ 称为**因变量**．自变量 $x$ 的取值范围称为函数的**定义域**，因变量 $y$ 的取值范围称为函数的**值域**．

函数记号 $y = f(x)$ 表示将对应法则 $f$ 作用在 $x$ 上，从而将两个变量联系起来．它既表明了两个变量之间的相互依赖关系，又表明了把它作用在 $x$ 上，可以得到唯一的 $y$ 值与 $x$ 相对应．两个变量之间的函数关系可以用式子表示，如 $y = f(x) = x^2 + 2x - 5$，$y = f(x) = \lg(x - 5)$，也可以用图形或表格来表示．

用解析式子表示函数时不一定总是用一个式子，有时在定义域的不同范围上要用不同的式子来表示，这样的函数称为**分段函数**.

**例 1.1** 某通信公司销售光传输设备，其中，光模块的价格是随传输距离而定的. 当传输距离在 40 km 内（含 40 km）时，价格为 170 元/个；当传输距离为 40~80 km（含 80 km）时，价格为 190 元/个；当传输距离为 80~210 km（含 210 km）时，价格为 210 元/个. 我们可以将设备的售价表示成传输距离的函数.

**解** 设 $x$ 表示传输距离，$y$ 表示设备的售价，

$$y = \begin{cases} 170, & 0 < x \leqslant 40 \\ 190, & 40 < x \leqslant 80 \\ 210, & 80 < x \leqslant 210 \end{cases}$$

其中函数的定义域为 $(0, 210]$.

**例 1.2** 设

$$y = \begin{cases} x+1, & -\infty < x \leqslant 0 \\ 1, & 0 < x < +\infty \end{cases}$$

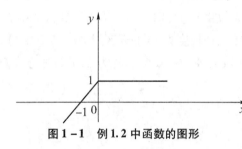

图 1-1 例 1.2 中函数的图形

可以看到，这个函数的定义域是整个数轴. 当自变量 $x$ 在区间 $(-\infty, 0]$ 上取值时，对应的函数值应按 $y = x+1$ 计算；当自变量 $x$ 在区间 $(0, +\infty)$ 内取值时，对应的函数值应按 $y=1$ 计算. 例如，$f(-1) = -1+1 = 0$，$f(3) = 1$，函数的图形如图 1-1 所示.

### 1.1.3 函数的特殊性质

**1. 单调性**

设函数 $y = f(x)$ 的定义域为 $D$，区间 $I \subset D$，对于任意的 $x_1$，$x_2 \in I$，且满足 $x_1 < x_2$：

(1) 若恒有 $f(x_1) < f(x_2)$，则称函数 $y = f(x)$ 在区间 $I$ 上为**递增函数**.

(2) 若恒有 $f(x_1) > f(x_2)$，则称函数 $y = f(x)$ 在区间 $I$ 上为**递减函数**.

(3) 若有 $f(x_1) \leqslant f(x_2)$，则称函数 $y = f(x)$ 在区间 $I$ 上为**不减函数**.

(4) 若有 $f(x_1) \geqslant f(x_2)$，则称函数 $y = f(x)$ 在区间 $I$ 上为**不增函数**.

递增函数、递减函数分别称为**严格单调增加函数**和**严格单调减少函数**，而不减函数和不增函数分别称为**单调增加函数**和**单调减少函数**. 有时，为叙述简单起见，严格单调增加（减少）函数也称为单调增加（减少）函数.

例如，$y = x^3$ 在定义域 $(-\infty, +\infty)$ 内是严格单调增加的函数.

又如，函数 $y = x^2 + 1$ 的定义域为 $(-\infty, +\infty)$，在区间 $[0, +\infty)$ 内严格单调增加，在区间 $(-\infty, 0)$ 内函数严格单调减少.

由此可见，函数的单调性与所讨论的区间密切相关．若在某区间上给定的函数为单调的，则称这个区间为该函数的一个**单调区间**．因此，在上例中，$[0, +\infty)$ 为函数 $y = x^2 + 1$ 的单调增加区间，$(-\infty, 0)$ 为函数 $y = x^2 + 1$ 的单调减少区间；而函数 $y = x^3$ 在整个定义域内是单调增加函数．

单调增加的函数曲线是沿 $x$ 轴正向逐渐上升的，如图 1 - 2 所示；单调减少的函数曲线是沿 $x$ 轴正向逐渐下降的，如图 1 - 3 中函数 $y = x^2 + 1$ 在 $(-\infty, 0)$ 内的部分所示．

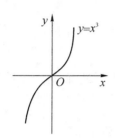
图 1 - 2　函数 $y = x^3$ 的图形

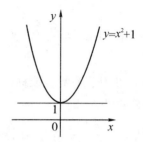
图 1 - 3　函数 $y = x^2 + 1$ 的图形

## 2. 奇偶性

设函数 $y = f(x)$，其定义域 $D$ 关于原点对称（当 $x \in D$ 时，有 $-x \in D$），若对其定义域 $D$ 内的任意 $x$，恒有

$$f(-x) = f(x)$$

成立，则称 $f(x)$ 为**偶函数**；若对其定义域 $D$ 内的任意 $x$，恒有

$$f(-x) = -f(x)$$

成立，则称 $f(x)$ 为**奇函数**．

偶函数的图形是关于 $y$ 轴对称的，奇函数的图形是关于原点对称的．

例如，函数 $y = x^3$ 是奇函数，函数 $y = x^2 + 1$ 是偶函数，可以从图 1 - 2 与图 1 - 3 中看到它们的图形分别是关于原点和 $y$ 轴对称的．

**例 1.3**　讨论下列函数的奇偶性：

(1) $f(x) = x^3 - x$；

(2) $f(x) = \dfrac{a^x + a^{-x}}{2}$；

(3) $f(x) = \sin x + \cos x$．

**解**　本题中各个函数的定义域都是 $(-\infty, +\infty)$，且是关于原点对称的．

(1) 因为

$$f(-x) = (-x)^3 - (-x) = -x^3 + x = -(x^3 - x) = -f(x)$$

所以 $f(x) = x^3 - x$ 是奇函数．

(2) 因为

$$f(-x) = \frac{a^{-x} + a^{-(-x)}}{2} = \frac{a^{-x} + a^x}{2} = f(x)$$

所以 $f(x) = \dfrac{a^x + a^{-x}}{2}$ 是偶函数.

（3）因为

$$f(-x) = \sin(-x) + \cos(-x) = -\sin x + \cos x \neq f(x)$$

同时，$f(-x) \neq -f(x)$，所以 $f(x) = \sin x + \cos x$ 既不是偶函数，也不是奇函数.

**3. 有界性**

设函数 $y = f(x)$ 的定义域为 $D$，如果存在正数 $M$，使得对于 $D$ 中的 $x$，恒有

$$|f(x)| \leqslant M$$

则称函数 $y = f(x)$ 在 $D$ 上有界，或称 $y = f(x)$ 为 $D$ 上的**有界函数**. 而每一个具有上述性质的正数 $M$ 都是函数的界.

例如，函数 $y = \dfrac{1}{1 + x^2}$ 是有界函数，因为对任意的 $x$，都有

$$\left| \frac{1}{1 + x^2} \right| \leqslant 1$$

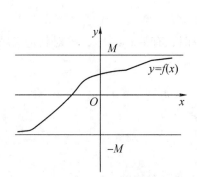

**图 1-4 有界函数的图形**

这里的 1 就可以看作函数的界.

从几何直观上来看，有界函数的图形在两条平行于 $x$ 轴的直线 $y = M$ 及 $y = -M$ 所确定的带形区域内（见图 1-4）.

如果这样的正数 $M$ 不存在，则称函数 $y = f(x)$ 在 $D$ 上无界. 也就是说，对于任意给定的正数 $M$，无论它多么大，总存在某个 $x_0 \in D$，使得不等式 $|f(x_0)| > M$ 成立，这时 $y = f(x)$ 在 $D$ 上无界.

例如，$y = \dfrac{1}{x}$ 是无界函数.

**4. 周期性**

设函数 $y = f(x)$ 的定义域为 $D$，若存在常数 $T > 0$，使得对每一个 $x \in D$，有 $x + T \in D$，且总有

$$f(x + T) = f(x) \tag{1-1}$$

成立，则称函数 $y = f(x)$ 为**周期函数**，满足式（1-1）的最小正数 $T$（如果存在）称为函数 $y = f(x)$ 的**周期**.

例如，正弦函数 $y = \sin x$ 是以 $2\pi$ 为周期的周期函数.

## 1.1.4 基本初等函数

在微积分的学习中，我们会大量地遇到函数，而这些函数都是以基本初等函数为元素的.

为此，有必要复习一下基本初等函数．

### 1. 常数函数

函数

$$y = C, \quad C \text{ 为常数}$$

称为**常数函数**．

常数函数的图形是一条过（$0, C$）点，且平行于 $x$ 轴的直线，如图 $1-5$ 所示．

### 2. 幂函数

函数

$$y = x^{\alpha}, \quad \alpha \text{ 为任意实数}$$

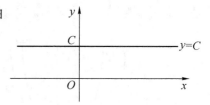

**图 $1-5$ $y = C$ 的图形**

称为**幂函数**．

当 $\alpha = 0$ 时，$y = 1$ 是常数函数；

当 $\alpha = 2$ 时，$y = x^2$ 是我们熟悉的抛物线（见图 $1-6$）．

幂函数的定义域是随 $\alpha$ 的取值不同而不同的．例如，幂函数 $y = x^3$ 的定义域为（$-\infty, +\infty$），幂函数 $y = x^{\frac{1}{2}}$ 的定义域为 $[0, +\infty)$，幂函数 $y = \dfrac{1}{x}$ 的定义域为（$-\infty, 0$）$\cup$（$0, +\infty$），如图 $1-7$ 所示．

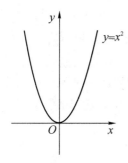

**图 $1-6$ $y = x^2$ 的图形**

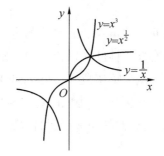

**图 $1-7$ $y = x^3$，$y = x^{\frac{1}{2}}$，$y = \dfrac{1}{x}$ 的图形**

但是，无论 $\alpha$ 取何值，在区间（$0, +\infty$）内幂函数总是有定义的，且 $y = x^{\alpha}$ 的图形一定过（$1, 1$）点．

### 3. 指数函数

函数

$$y = a^x, \quad a > 0, a \neq 1$$

称为**指数函数**．

指数函数 $y = a^x$（$a > 0, a \neq 1$）的定义域为（$-\infty, +\infty$），值域为（$0, +\infty$），函数的图形在 $x$ 轴的上方，且过（$0, 1$）点．对于 $0 < a < 1$ 和 $a > 1$，指数函数的形态是不同的：

当 $0<a<1$ 时，函数单调减少；当 $a>1$ 时，函数单调增加，如图 1-8 所示.

特殊地，函数

$$y = e^x$$

的底数

$$e = 2.718\ 28\cdots$$

是一个无理数.

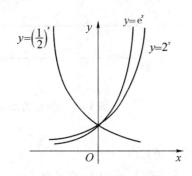 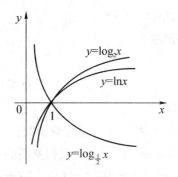

图 1-8  指数函数的图形　　　　图 1-9  对数函数的图形

### 4. 对数函数

函数

$$y = \log_a x, \quad a>0, \ a \neq 1$$

称为**对数函数**.

对数函数 $y = \log_a x \ (a>0, \ a \neq 1)$ 的定义域为 $(0, +\infty)$，值域为 $(-\infty, +\infty)$，函数的图形在 $y$ 轴的右方，且过 $(1, 0)$ 点，如图 1-9 所示.

当 $0<a<1$ 时，函数单调减少；当 $a>1$ 时，函数单调增加.

特别地，以 10 为底和以 e 为底的对数函数分别称为常用对数函数与自然对数函数，分别记作 $\lg x$ 和 $\ln x$，这是两种经常用到的对数函数.

### 5. 三角函数

（1）正弦函数. 函数

$$y = \sin x$$

称为**正弦函数**.

正弦函数的定义域为 $(-\infty, +\infty)$，值域为 $[-1, 1]$，它是以 $2\pi$ 为周期的有界奇函数，其图形如图 1-10 所示.

（2）余弦函数. 函数

$$y = \cos x$$

称为**余弦函数**.

余弦函数的定义域为 $(-\infty, +\infty)$，值域为 $[-1, 1]$，它是以 $2\pi$ 为周期的有界偶函数，其图形如图 1-11 所示.

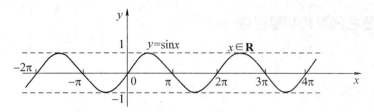

图 1 - 10　正弦函数的图形

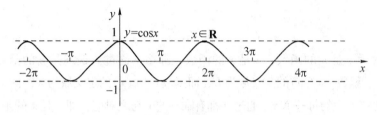

图 1 - 11　余弦函数的图形

（3）正切函数．函数

$$y = \tan x$$

称为**正切函数**．

正切函数在 $x = k\pi + \dfrac{\pi}{2}$（$k$ 为任意整数）处无定义，值域为 $(-\infty, +\infty)$，它是以 $\pi$ 为周期的无界奇函数，其图形如图 1 - 12 所示．

（4）余切函数．函数

$$y = \cot x$$

称为**余切函数**．

余切函数在 $x = k\pi$（$k$ 为任意整数）处无定义，值域为 $(-\infty, +\infty)$，它是以 $\pi$ 为周期的无界奇函数，其图形如图 1 - 13 所示．

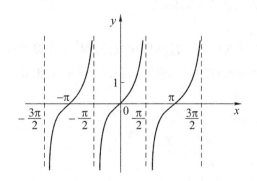

图 1 - 12　正切函数的图形

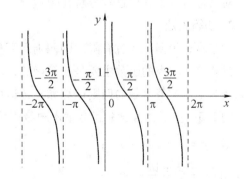

图 1 - 13　余切函数的图形

### 1.1.5 复合函数和初等函数

**1. 复合函数**

由以下两个函数：

$$y = \sin u$$

$$u = \sqrt{x}$$

可以得到函数

$$y = \sin \sqrt{x}$$

在此，我们理解为 $y$ 是 $u$ 的函数，$u$ 是 $x$ 的函数，那么 $y$ 通过 $u$ 最终是 $x$ 的函数．

**定义 1.2** 若函数 $y = f(u)$ 的定义域为 $U$，而函数 $u = g(x)$ 的定义域为 $X$，且 $u = g(x)$ 的值域包含在 $U$ 中，则对 $X$ 中的每一个 $x$，通过 $u$ 都有唯一的 $y$ 与之对应，即 $y$ 是 $x$ 的函数，记作

$$y = f[g(x)]$$

这种函数称为**复合函数**，其中 $u$ 为中间变量．

许多复杂的函数都可以看作由几个基本初等函数复合而成．例如，

$$y = \ln\cos \sqrt{x}$$

就可以看作由 $y = \ln u$，$u = \cos v$，$v = \sqrt{x}$ 复合而成，而这几个函数都是基本初等函数．实际上，对自变量进行两次或两次以上的基本初等函数运算就构成了复合函数．

对于一个复合函数，我们常需要知道它是由哪几个基本初等函数复合而成的，这就是复合函数的分解．

**例 1.4** 已知函数 $y = \mathrm{e}^{\sqrt{x^2-2}}$，它是由哪些函数复合而成的？

**解**
$$y = f(u) = \mathrm{e}^u, \quad u = g(v) = \sqrt{v}, \quad v = h(x) = x^2 - 2$$

一般来说，复合的次数越多，函数就越复杂．但是不管多么复杂，总是可以通过设中间变量对其进行分解．而这种分解在微积分学的学习中是很重要的．

**2. 初等函数**

由基本初等函数经过有限次的四则运算和有限次的复合运算所构成的函数是**初等函数**．

微积分所研究的函数主要是初等函数，由初等函数的定义可知，任意一个初等函数都可以分解为基本初等函数的四则运算和复合运算．

**例 1.5** 将下列函数分解为基本初等函数的运算：

（1）$y = \sin^2(\sqrt{x} + 1)$；

（2）$y = \dfrac{2 + \ln x^2}{2^{\tan \frac{1}{x}}}$．

**解** （1）
$$y = u^2, \quad u = \sin v, \quad v = \sqrt{x} + 1$$

其中 $u$，$v$ 是中间变量，$u$ 是三角函数，而 $v$ 是幂函数与常数函数的和.

（2）$y = \dfrac{u}{v}$，其中

$$u = 2 + \ln w, \qquad w = x^2$$

$$v = 2^t, \qquad t = \tan h, \qquad h = \dfrac{1}{x}$$

这里 $y$ 是函数 $u$，$v$ 的商，而 $u$ 是常数函数与对数函数的和，$v$ 是由幂函数、正切函数和指数函数复合构成的.

对于幂函数进行加法和乘法运算，可以得到关于变量 $x$ 的多项式

$$y = a_n x^n + a_{n-1} x^{n-1} + \cdots + a_1 x + a_0, \qquad n \text{ 为自然数}$$

称为**多项式函数**，其中常数 $a_n$，$a_{n-1}$，$\cdots$，$a_0$ 称为该多项式的系数.

由两个多项式构成的分式

$$y = \frac{a_n x^n + a_{n-1} x^{n-1} + \cdots + a_1 x + a_0}{b_m x^m + b_{m-1} x^{m-1} + \cdots + b_1 x + b_0}$$

称为**有理函数**.

多项式函数和有理函数是两类常见的初等函数.

**本节关键词**　函数　定义域　对应法则　基本初等函数　复合函数　初等函数

## 练习 1.1

1. 求下列函数的定义域：

（1）$y = \sqrt{x + 5}$；

（2）$y = \ln(4 - x)$；

（3）$y = \dfrac{1}{4 - x^2} + \sqrt{x - 1}$；

（4）$y = \dfrac{1}{\lg(1 - x)} + \sqrt{4 - x^2}$.

2. 已知 $f(x) = \dfrac{x + 1}{x - 1}$，求 $f(0)$，$f(2)$，$f(x - 1)$，$f\left(\dfrac{1}{x}\right)$，$f[f(x)]$.

3. 已知函数

$$f(x) = \begin{cases} 3x^2 + 1, & -1 < x \leqslant 3 \\ 5 - x, & 3 < x < 9 \end{cases}$$

求 $f(x)$ 的定义域，以及函数值 $f(0)$，$f(1)$，$f(4)$，$f[f(1)]$.

4. 判别下列函数的奇偶性：

（1）$y = x^4 - 2x^2$；

（2）$y = x \sin x$；

（3）$y = \dfrac{e^x - e^{-x}}{2}$；

（4）$y = x^3 - 1$.

5. 下列函数可以看作由哪些函数复合而成？

(1) $y = \sqrt{3x - 4}$ ；  (2) $y = \sin^2 \dfrac{1}{x}$ ；

(3) $y = \lg\cos(x^2 + 1)$ ；  (4) $y = 2^{\tan\sqrt{x}}$ .

## 1.2 极限的概念与计算

极限是微积分学中的一个基本概念，微积分学中的许多概念都是由极限引入的.

### 1.2.1 数列的极限

一般地，按一定规律排列的一串数

$$x_1, \ x_2, \ \cdots, \ x_n, \ \cdots$$

称为**数列**，简记为 $\{x_n\}$ . 其中第 $n$ 项 $x_n$ 称为该数列的通项.

数列可以看成一个定义在正整数集上的函数 $f(n) = x_n (n = 1, 2, \cdots)$ 的函数值的全体.

例如，数列

$$1, \ \frac{1}{2}, \ \frac{1}{4}, \ \frac{1}{8}, \ \cdots, \ \frac{1}{2^n}, \ \cdots$$

$$1, \ -1, \ 1, \ -1, \ \cdots, \ (-1)^{n+1} \ \cdots$$

$$2, \ \frac{3}{2}, \ \frac{4}{3}, \ \cdots, \ \frac{n+1}{n}, \ \cdots$$

$$1, \ \sqrt{2}, \ \sqrt{3}, \ \cdots, \ \sqrt{n}, \ \cdots$$

现在要研究的问题是：给定一个数列 $\{x_n\}$ ，当项数 $n$ 无限增大时，数列中相应的项是如何变化的，即通项 $x_n$ 的变化趋势是什么？

我们先来看中国古代哲学家庄周（约前369—约前286）在他的《庄子·天下篇》中引述惠施的话：“一尺之棰，日取其半，万世不竭.”这句话的意思是指1尺（1 尺 ≈ 0.33 m）之长的木棒，第一天截取它的一半，即 $\dfrac{1}{2}$ 尺；第二天再截取剩下的一半，即 $\dfrac{1}{2} \times \dfrac{1}{2} = \dfrac{1}{4}$ （尺）；第三天再取第二天剩下的一半，即 $\dfrac{1}{4} \times \dfrac{1}{2} = \dfrac{1}{8}$ （尺）；……这样一天天地截取下去，而木棒的长度是永远也截取不完的. 如果将每天剩余的木棒长度写出来，就有

$$\frac{1}{2}, \ \frac{1}{2^2}, \ \frac{1}{2^3}, \ \cdots, \ \frac{1}{2^n}, \ \cdots$$

这是一个数列，可以看出，当 $n$ 无限增大时，无论 $n$ 多大，$\dfrac{1}{2^n}$ 总不会等于 0. 但是，数列 $\left\{\dfrac{1}{2^n}\right\}$ 的通项 $\dfrac{1}{2^n}$ 会随着 $n$ 的增大而无限地与数 0 接近.

又如，数列

$$2, \frac{3}{2}, \frac{4}{3}, \cdots, \frac{n+1}{n}, \cdots$$

当 $n$ 无限增大时，数列的通项 $x_n$ 无限地与数值 1 接近．

这两个数列有一个共性，即随着 $n$ 无限增大，它们的变化状态渐趋稳定，一个与数 0 无限地靠近，另一个与数 1 无限地靠近．换言之，当 $n$ 无限增大时，数列中的 $x_n$ 随着 $n$ 的增大而趋于某个固定的常数，或者说，$x_n$ 与某个常数之间的距离越来越小，而且要多小就有多小．这时，我们说该数列以这个常数为极限．

**定义 1.3**　给定数列 $\{x_n\}$，如果当 $n$ 无限增大时，$x_n$ 无限地趋近某个固定的常数 $A$，则称当 $n \to \infty$ 时，数列 $\{x_n\}$ 以 $A$ 为**极限**，记为

$$\lim_{n \to \infty} x_n = A \quad \text{或} \quad x_n \to A(n \to \infty)$$

这时也称数列 $\{x_n\}$ 为**收敛**的，即当 $n \to \infty$ 时，数列 $\{x_n\}$ 收敛于 $A$；否则，如果当 $n$ 无限增大时，$x_n$ 不能无限地趋近某个固定的常数 $A$，则称当 $n \to \infty$ 时，数列 $\{x_n\}$ **发散**．

由定义 1.3 知，数列 $\left\{\dfrac{1}{2^n}\right\}$ 是收敛的，且

$$\lim_{n \to \infty} \frac{1}{2^n} = 0$$

数列 $\left\{\dfrac{n+1}{n}\right\}$ 是收敛的，且

$$\lim_{n \to \infty} \frac{n+1}{n} = 1$$

对于数列

$$1, \ -1, \ 1, \ -1, \ \cdots, \ (-1)^{n+1}, \ \cdots$$

当 $n$ 无限增大时，$x_n$ 总在 1 和 -1 两个数值上跳跃，而永远不会趋于一个固定的数值．对于数列

$$1, \ \sqrt{2}, \ \sqrt{3}, \ \cdots, \ \sqrt{n}, \ \cdots$$

当 $n$ 无限增大时，数列 $x_n$ 将随着 $n$ 的增大而增至任意大．由定义 1.3 知，这两个数列都是发散的．

## 1.2.2　函数的极限

数列 $\{x_n\}$ 可以看作一个自变量为自然数的函数 $f(n)$．对于函数 $f(x)$ 的极限问题，根据自变量的变化过程，可以分为以下两种情形：

**1. 自变量趋于无穷的情形**

如果自变量 $x$ 取正值且无限地变大，则这个过程记为 $x \to +\infty$；如果自变量 $x$ 取负值且绝对值无限地变大，则这个过程记为 $x \to -\infty$；如果自变量 $x$ 的绝对值无限地变大而对它的

符号不做限制，则这个过程记为 $x \to \infty$．在自变量 $x$ 的三种不同的变化过程中，分别考察对应函数值的变化趋势．这时，如果 $f(x)$ 无限地趋于某个固定的常数 $A$，则称 $f(x)$ 在 $x \to +\infty$（或 $x \to -\infty, x \to \infty$）时以 $A$ 为极限．

**例1.6**　求 $\lim\limits_{x \to \infty}\left(1 + \dfrac{1}{x}\right)$．

**解**

$$\lim_{x \to \infty}\left(1 + \frac{1}{x}\right) = 1$$

例1.6 中的结果由图1-14可见，当自变量 $x$ 的绝对值无限变大时，对应的函数值 $f(x) = 1 + \dfrac{1}{x}$ 与数值1无限地靠近，而且它们之间的距离要多小就有多小．

由图1-14还可见

$$\lim_{x \to +\infty}\left(1 + \frac{1}{x}\right) = 1$$

$$\lim_{x \to -\infty}\left(1 + \frac{1}{x}\right) = 1$$

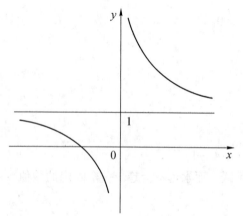

图1-14　$y = 1 + \dfrac{1}{x}$ 的图形

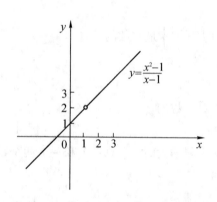

图1-15　函数 $y = \dfrac{x^2 - 1}{x - 1}$ 的图形

**2. 自变量趋于有限值 $x_0$ 的情形**

通过下面的例子引进函数极限的直观描述．

**例1.7**　讨论当 $x \to 2$ 时，函数 $y = x^2$ 的变化趋势．

**解**　函数 $y = x^2$ 的图形如图1-6所示，它是顶点在原点、开口方向朝上的抛物线．可以看到，当 $x \to 2$ 时，函数值 $f(x)$ 就无限地趋于 $2^2$．这说明当 $x \to 2$ 时，$y = x^2$ 趋于 $2^2$．

**例1.8**　讨论当 $x \to 1$ 时，函数 $y = \dfrac{x^2 - 1}{x - 1}$ 的变化趋势．

**解**　此函数在 $x = 1$ 处无定义，可以通过列表考察函数在 $x = 1$ 附近的变化趋势，如表1-1所示．

表 1-1　函数 $y = \dfrac{x^2-1}{x-1}$ 数值

| $x$ | 0.9 | 0.99 | 0.999 | 1 | 1.001 | 1.01 | 1.1 |
|---|---|---|---|---|---|---|---|
| $\dfrac{x^2-1}{x-1}$ | 1.9 | 1.99 | 1.999 | — | 2.001 | 2.01 | 2.1 |

从表 1-1 中可以看出，当 $x \to 1$ 时，函数 $f(x)$ 趋于 2.

从图形（见图 1-15）上也可以观察到当 $x \to 1$ 时，函数 $f(x)$ 与数 2 之间的距离非常小，而且可以要多小就有多小，于是称当 $x \to 1$ 时，函数 $f(x)$ 趋于 2.

一般地，如果自变量 $x$ 无限地接近某个 $x_0$ 时，函数 $f(x)$ 有趋于某个常数的变化趋势，则称函数 $f(x)$ 在 $x_0$ 处有极限.

**定义 1.4**　设函数 $f(x)$ 在点 $x_0$ 的某个邻域内（点 $x_0$ 可以除外）有定义，如果当 $x$ 无限地趋于 $x_0$（但 $x \neq x_0$）时，函数 $f(x)$ 无限地趋于某个固定常数 $A$，则称当 $x \to x_0$ 时，$f(x)$ 以 $A$ 为极限，记作

$$\lim_{x \to x_0} f(x) = A \quad \text{或} \quad f(x) \to A \ (x \to x_0)$$

若当自变量 $x \to x_0$ 时，函数 $f(x)$ 没有一个固定的变化趋势，则称函数 $f(x)$ 在点 $x_0$ 处没有极限.

由定义 1.4 知，$y = x^2$，当 $x \to 2$ 时有极限存在；$y = \dfrac{x^2-1}{x-1}$，当 $x \to 1$ 时也有极限存在，即

$$\lim_{x \to 2} x^2 = 4, \qquad \lim_{x \to 1} \frac{x^2-1}{x-1} = 2$$

而 $\lim\limits_{x \to 0} \dfrac{1}{x}$ 不存在（见图 1-16），$\lim\limits_{x \to 0} \sin \dfrac{1}{x}$ 不存在（见图 1-17）.

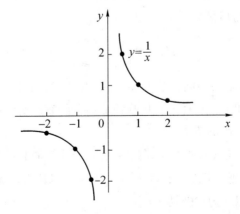

图 1-16　函数 $y = \dfrac{1}{x}$ 的图形

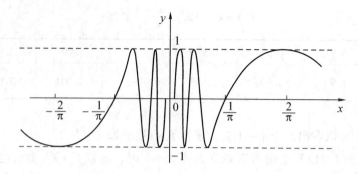

图 1 - 17　函数 $y = \sin \dfrac{1}{x}$ 的图形

由上述例子可以看出，极限的实质是描述函数在自变量的某个变化过程中，是否有一个确定的变化趋势，是则有极限，否则没有极限.

**例 1.9**　求 $\lim\limits_{x \to x_0} C$.

**解**　因为 $y = C$ 是常数函数，无论自变量如何变化，函数 $y$ 始终为常数 $C$，所以 $\lim\limits_{x \to x_0} C = C$.

**例 1.10**　求 $\lim\limits_{x \to x_0} x$.

**解**　因为 $y = x$，当 $x \to x_0$ 时，有 $y = x \to x_0$，所以 $\lim\limits_{x \to x_0} x = x_0$.

### 1.2.3　左极限和右极限

前面所讨论的极限是当 $x \to x_0$ 时 $f(x)$ 的极限，而且自变量 $x$ 是从 $x_0$ 的左、右两侧趋于 $x_0$ 的. 但是，有时只需要或只能知道 $x$ 从 $x_0$ 左侧（$x < x_0$）或 $x$ 从 $x_0$ 右侧（$x > x_0$）趋于 $x_0$ 时函数 $f(x)$ 的变化趋势. 例如，函数 $y = \sqrt{x}$ 的定义域为 $[0, +\infty)$，在 $x = 0$ 处，自变量 $x$ 只能从 0 的右侧趋于 0. 又如，分段函数

$$f(x) = \begin{cases} x, & x < 0 \\ 1, & x \geqslant 0 \end{cases}$$

在 $x = 0$ 处左、右两侧的表达式不同，若考察 $x \to 0$ 时 $f(x)$ 的极限，无法用同一个式子表示，必须考察 $x < 0$ 且 $x \to 0$ 和 $x > 0$ 且 $x \to 0$ 两种情形下函数的变化趋势.

由此，引出了左、右极限的概念.

**定义 1.5**　设函数 $f(x)$ 在点 $x_0$ 的某个邻域内（点 $x_0$ 可以除外）有定义，如果当 $x < x_0$ 且 $x$ 无限地趋于 $x_0$（$x$ 从 $x_0$ 的左侧趋于 $x_0$，记为 $x \to x_0^-$）时，函数 $f(x)$ 无限地趋于某个固定的常数 $A$，则称当 $x \to x_0$ 时，$f(x)$ 以 $A$ 为左极限，记作

$$\lim_{x \to x_0^-} f(x) = A$$

如果当 $x > x_0$ 且 $x$ 无限地趋于 $x_0$（$x$ 从 $x_0$ 的右侧趋于 $x_0$，记为 $x \to x_0^+$）时，函数 $f(x)$ 无限地趋于某个固定的常数 $A$，则称当 $x \to x_0$ 时，$f(x)$ 以 $A$ 为右极限，记作

$$\lim_{x \to x_0^+} f(x) = A$$

**例 1.11**　设函数

$$f(x) = \begin{cases} x, & x < 0 \\ 1, & x \geq 0 \end{cases}$$

求 $\lim_{x \to 0^-} f(x)$ 和 $\lim_{x \to 0^+} f(x)$.

**解**　因为 $f(x)$ 为分段函数，且 $x = 0$ 是它的分段点（见图 1-18），当 $x$ 从 0 的左侧趋于 0（$x < 0$ 且 $x \to 0$）时，由 $f(x) = x$ 知，$f(x)$ 在 $x = 0$ 处的左极限为

$$\lim_{x \to 0^-} f(x) = \lim_{x \to 0^-} x = 0$$

当 $x$ 从 0 的右侧趋于 0（$x > 0$ 且 $x \to 0$）时，由 $f(x) = 1$ 知，$f(x)$ 在 $x = 0$ 处的右极限为

$$\lim_{x \to 0^+} f(x) = \lim_{x \to 0^+} 1 = 1$$

由定义 1.4 和定义 1.5 不难得到以下重要定理：

**定理 1.1**　当 $x \to x_0$ 时，函数 $f(x)$ 极限存在的充分必要条件是当 $x \to x_0$ 时，函数 $f(x)$ 的左、右极限都存在且相等，即

$$\lim_{x \to x_0} f(x) = A \Leftrightarrow \lim_{x \to x_0^-} f(x) = \lim_{x \to x_0^+} f(x) = A$$

由此可知，例 1.11 中的函数 $f(x)$ 在 $x = 0$ 处没有极限.

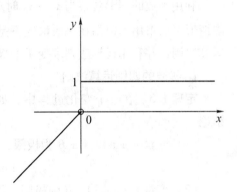

图 1-18　例 1.11 函数的图形

### 1.2.4　无穷小量

**定义 1.6**　在自变量的某个变化过程中，以 0 为极限的变量是**无穷小量**，简称无穷小，常用希腊字母 $\alpha$，$\beta$，$\gamma$ 等表示.

因为 $\lim\limits_{n \to \infty} \dfrac{1}{2^n} = 0$，所以当 $n \to \infty$ 时，$\alpha = \dfrac{1}{2^n}$ 是无穷小量.

因为 $\lim\limits_{x \to 0} x = 0$，所以当 $x \to 0$ 时，$\beta = x$ 是无穷小量.

因为 $\lim 0 = 0$，所以 $y = 0$ 是无穷小量.

无穷小量是一个特殊的变量. 无穷小量与有极限变量之间的关系如下：变量 $y$ 以 $A$ 为极限的充分必要条件是 $y$ 可以表示为 $A$ 与一个无穷小量 $\alpha$ 的和，即

$$\lim y = A \Leftrightarrow y = A + \alpha \ (\lim \alpha = 0)$$

**定理 1.2**　无穷小量与有界变量的乘积仍为无穷小量.

（证明略.）

例如，

$$\lim_{x \to 0} 2x = 0$$

$$\lim_{x \to 0} kx = 0, \quad k \text{ 为常数}$$

又如，求 $\lim\limits_{x \to 0} x \sin \dfrac{1}{x}$. 因为 $\sin \dfrac{1}{x}$ 满足 $\left| \sin \dfrac{1}{x} \right| \leqslant 1$，即 $\sin \dfrac{1}{x}$ 是有界变量，所以

$$\lim_{x \to 0} x \sin \frac{1}{x} = 0$$

### 1.2.5 极限的计算

利用函数的图形观察当 $x \to x_0$ 时对应函数值 $f(x)$ 的变化趋势，这对于一些简单的求极限情形可以采用，但是在一般情况下是不方便的，而且有一定的局限性. 在此将介绍极限的运算法则，并利用运算法则求变量的极限.

**1. 极限的四则运算法则**

**定理 1.3** 在某个变化过程中，如果变量 $u$ 和变量 $v$ 分别以 $A$，$B$ 为极限，则有以下结论：

（1）变量 $u \pm v$ 以 $A \pm B$ 为极限，即

$$\lim(u \pm v) = A \pm B$$

（2）变量 $u \cdot v$ 以 $A \cdot B$ 为极限，即

$$\lim(u \cdot v) = A \cdot B$$

（3）当 $B \neq 0$ 时，变量 $\dfrac{u}{v}$ 以 $\dfrac{A}{B}$ 为极限，即

$$\lim \frac{u}{v} = \frac{A}{B}$$

**例 1.12** 求 $\lim\limits_{x \to 2}(x^2 - 3x)$.

**解** 由定理 1.3 的结论（1）和（2），得到

$$\lim_{x \to 2}(x^2 - 3x) = \lim_{x \to 2} x^2 - \lim_{x \to 2} 3x = \lim_{x \to 2} x \cdot \lim_{x \to 2} x - \lim_{x \to 2} 3 \cdot \lim_{x \to 2} x$$
$$= 2 \times 2 - 3 \times 2 = -2$$

**例 1.13** 求 $\lim\limits_{x \to 1} \dfrac{x^2 + 1}{2x - 1}$.

**解** 因为 $\lim\limits_{x \to 1}(2x - 1) = 1 \neq 0$，所以由定理 1.3 的结论（1）~（3），得到

$$\lim_{x \to 1} \frac{x^2 + 1}{2x - 1} = \frac{\lim\limits_{x \to 1}(x^2 + 1)}{\lim\limits_{x \to 1}(2x - 1)} = \frac{\lim\limits_{x \to 1} x^2 + \lim\limits_{x \to 1} 1}{\lim\limits_{x \to 1} 2x - \lim\limits_{x \to 1} 1} = \frac{2}{1} = 2$$

注意：定理 1.3 的结论（1）和（2）可以推广到有限个变量的情形，即若

$$\lim u_i = A_i, \quad i = 1, 2, \cdots, n$$

则

$$\lim(u_1 \pm u_2 \pm \cdots \pm u_n) = A_1 \pm A_2 \pm \cdots \pm A_n$$

$$\lim(u_1 \cdot u_2 \cdots u_n) = A_1 \cdot A_2 \cdots A_n$$

由定理 1.3 还可以得到以下推论：

**推论 1**　在某个变化过程中，如果变量 $u$ 以 $A$ 为极限，$k$ 为常数，则 $\lim ku = kA$.

**推论 2**　若 $\lim u = A$，则 $\lim u^n = A^n$，其中 $n$ 为正整数.

**推论 3**　若 $\alpha$，$\beta$ 为无穷小量，则 $\alpha \pm \beta$，$\alpha \cdot \beta$ 仍为无穷小量.

**例 1.14**　求 $\lim\limits_{x \to -3} \dfrac{x^2 - 9}{x + 3}$.

**解**　当 $x \to -3$ 时，分式中分母的极限 $\lim\limits_{x \to -3}(x + 3) = 0$，而且分子的极限也为 $0$，这时不能用定理 1.3 的结论（3）求解. 注意到当 $x \to -3$，但 $x \neq -3$ 时，有

$$\frac{x^2 - 9}{x + 3} = \frac{(x + 3)(x - 3)}{x + 3} = x - 3$$

所以

$$\lim_{x \to -3} \frac{x^2 - 9}{x + 3} = \lim_{x \to -3}(x - 3) = -3 - 3 = -6$$

**例 1.15**　求 $\lim\limits_{x \to 0} \dfrac{\sqrt{1 + x} - 1}{x}$.

**解**　当 $x \to 0$ 时，分式中分子和分母的极限都为 $0$，但

$$\frac{\sqrt{1 + x} - 1}{x} = \frac{(\sqrt{1 + x} - 1)(\sqrt{1 + x} + 1)}{x(\sqrt{1 + x} + 1)} = \frac{1 + x - 1}{x(\sqrt{1 + x} + 1)} = \frac{1}{\sqrt{1 + x} + 1}$$

所以

$$\lim_{x \to 0} \frac{\sqrt{1 + x} - 1}{x} = \lim_{x \to 0} \frac{1}{\sqrt{1 + x} + 1} = \frac{1}{2}$$

**2. 第一个重要极限**

$$\lim_{x \to 0} \frac{\sin x}{x} = 1$$

**例 1.16**　求 $\lim\limits_{x \to 0} \dfrac{\tan x}{x}$.

**解**　$\lim\limits_{x \to 0} \dfrac{\tan x}{x} = \lim\limits_{x \to 0} \dfrac{\sin x}{\cos x} \cdot \dfrac{1}{x} = \lim\limits_{x \to 0} \dfrac{\sin x}{x} \cdot \dfrac{1}{\cos x} = \lim\limits_{x \to 0} \dfrac{\sin x}{x} \cdot \lim\limits_{x \to 0} \dfrac{1}{\cos x} = 1 \times 1 = 1$

**例 1.17**　求 $\lim\limits_{x \to 0} \dfrac{\sin kx}{x} (k \neq 0)$.

**解**　将 $kx$ 视为一个变量，即令 $kx = t$，则当 $x \to 0$ 时，$t \to 0$. 于是有

$$\lim_{x \to 0} \frac{\sin kx}{x} = \lim_{t \to 0} \frac{k \sin t}{t} = k \lim_{t \to 0} \frac{\sin t}{t} = k \times 1 = k$$

**例 1.18**  求 $\lim\limits_{x \to 0} \dfrac{\sin 2x}{\sin 3x}$.

**解**
$$\lim_{x \to 0} \frac{\sin 2x}{\sin 3x} = \lim_{x \to 0} \frac{\dfrac{\sin 2x}{x}}{\dfrac{\sin 3x}{x}} = \lim_{x \to 0} \frac{\dfrac{\sin 2x}{2x}}{\dfrac{\sin 3x}{3x}} \cdot \frac{2}{3} = \frac{2}{3}$$

**本节关键词**  数列  极限  左、右极限  无穷小量  极限运算  第一个重要极限

## 练习 1.2

1. 判别下列数列是否收敛：

(1) $\dfrac{3}{1}$, $\dfrac{4}{2}$, $\dfrac{5}{3}$, $\cdots$, $\dfrac{n+2}{n}$, $\cdots$;

(2) $1$, $4$, $9$, $16$, $\cdots$, $n^2$, $\cdots$.

2. 分析下列函数的变化趋势，并求极限：

(1) $y = \dfrac{1}{x^2}\,(x \to \infty)$;

(2) $y = 2^{\frac{1}{x}}\,(x \to 0^-)$;

(3) $y = \cos x\,(x \to 0)$.

3. 设函数
$$f(x) = \frac{|x|}{x}$$
求 $f(x)$ 在 $x = 0$ 处的左、右极限，并讨论 $f(x)$ 在 $x = 0$ 处是否有极限存在.

4. 当 $x \to 0$ 时，下列变量中，哪些是无穷小量？
$$3^x, \quad 100\,000x, \quad x\cos\frac{5}{x}$$

5. 计算下列极限：

(1) $\lim\limits_{x \to 2}(x^2 + 6x - 5)$;

(2) $\lim\limits_{x \to 0} \dfrac{x^2 + x - 2}{x^2 - 3x + 2}$;

(3) $\lim\limits_{x \to -3} \dfrac{x^2 - 9}{x^2 + 5x + 6}$;

(4) $\lim\limits_{x \to 2} \dfrac{x^2 - x - 2}{x^2 - 3x + 2}$;

(5) $\lim\limits_{x \to 0} \dfrac{\sqrt{1 - x} - 1}{x}$;

(6) $\lim\limits_{x \to 9} \dfrac{9 - x}{3 - \sqrt{x}}$.

6. 计算下列极限：

(1) $\lim\limits_{x \to 0} \dfrac{\tan 4x}{\sin 5x}$;

(2) $\lim\limits_{x \to 0}\left(x\sin\dfrac{1}{x} + \dfrac{\tan x}{2x}\right)$;

(3) $\lim\limits_{x \to 0} \dfrac{\sqrt{1 + x} - 1}{\sin 2x}$;

(4) $\lim\limits_{x \to 3} \dfrac{\sin(x - 3)}{x^2 - x - 6}$.

## 1.3　函数的连续性

在现实世界中，人们从直观上可以感觉到许多变量呈现出连续变化的形态．例如，水的流动、植物的生长过程、气温的升降等．把这些直观的感觉进行抽象，即可得到"连续性"的概念，反映到数学上就是函数的连续性．

### 1.3.1　函数的连续性与连续函数

**定义 1.7**　设函数 $f(x)$ 在点 $x_0$ 的某个邻域内有定义，并且满足

$$\lim_{x \to x_0} f(x) = f(x_0)$$

则称函数 $f(x)$ 在点 $x_0$ 处**连续**，点 $x_0$ 称为函数 $f(x)$ 的**连续点**．

从定义 1.7 可以看出，$f(x)$ "在点 $x_0$ 处连续"是指 $f(x)$ "在点 $x_0$ 处有极限存在"，即 $\lim_{x \to x_0} f(x) = A$ 当 $A = f(x_0)$ 时的情况．

从定义 1.7 还可以看出，函数在某点的"连续"与它在邻近点的性质有关．因此，下面引入变量改变量的概念．

设 $f(x)$ 在 $x_0$ 的某个邻域内有定义，令 $\Delta x$ 为一个很小的量（可正可负），记 $x = x_0 + \Delta x$，即 $\Delta x$ 是自变量 $x$ 在点 $x_0$ 处的改变量（或称为增量）．对应于自变量的改变量，函数相应地也有改变量，即

$$\Delta y = f(x_0 + \Delta x) - f(x_0)$$

显然，$x \to x_0$ 等价于 $\Delta x \to 0$，则可将描述函数在点 $x_0$ 处连续的等式 $\lim_{x \to x_0} f(x) = f(x_0)$ 改写为

$$\lim_{\Delta x \to 0} [f(x_0 + \Delta x) - f(x_0)] = 0$$

于是函数 $y = f(x)$ 在点 $x_0$ 处连续等价于

$$\lim_{\Delta x \to 0} \Delta y = 0$$

也就是说，函数在某点处连续等价于"当函数在该点处自变量的改变量 $\Delta x$ 为无穷小量时，函数的改变量 $\Delta y$ 也为无穷小量"（见图 1-19）．

在几何上，连续函数的曲线是一条不间断的线段，$x_0$ 是函数的连续点，则在点 $x_0$ 处曲线不能断开．

由定义 1.7 知，函数的连续性是建立在极限存在的基础上的，相应于左、右极限的概念，有

若 $\lim_{x \to x_0^-} f(x) = f(x_0)$，则称 $f(x)$ 在点 $x_0$ 处**左连续**；

若 $\lim_{x \to x_0^+} f(x) = f(x_0)$，则称 $f(x)$ 在点 $x_0$ 处**右连续**．

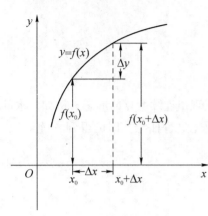

**图 1-19　连续函数示意图**

显然，$f(x)$ 在点 $x_0$ 处连续的充分必要条件是函数 $f(x)$ 在点 $x_0$ 处既左连续又右连续.

**例 1.19**　证明函数

$$f(x) = \begin{cases} x\sin\dfrac{1}{x}, & x < 0 \\ 0, & x \geq 0 \end{cases}$$

在 $x = 0$ 处是连续的.

**证**　由已知 $f(0) = 0$，且

$$\lim_{x \to 0^-} f(x) = \lim_{x \to 0^-} x\sin\frac{1}{x} = 0$$

$$\lim_{x \to 0^+} f(x) = \lim_{x \to 0^+} 0 = 0$$

可知，$\lim\limits_{x \to 0} f(x) = f(0)$，即 $f(x)$ 在 $x = 0$ 处连续.

如果函数 $f(x)$ 在开区间 $(a, b)$ 内的每一点处都连续，则称 $f(x)$ 在区间 $(a, b)$ 内连续，这时称 $f(x)$ 为 $(a, b)$ 内的**连续函数**. 如果函数 $f(x)$ 在开区间 $(a, b)$ 内连续，且在左端点右连续，在右端点左连续，则称 $f(x)$ 在闭区间 $[a, b]$ 上连续.

**例 1.20**　证明函数 $f(x) = x^2$ 在其定义域内连续.

**证**　$f(x) = x^2$ 的定义域是 $(-\infty, +\infty)$，任取 $x_0 \in (-\infty, +\infty)$，因为

$$\lim_{x \to x_0} f(x) = \lim_{x \to x_0} x^2 = x_0^2$$

所以函数 $f(x) = x^2$ 在其定义域内连续.

**例 1.21**　证明函数 $f(x) = \sin x$ 在实数域内连续.

**证**　任取 $x_0 \in (-\infty, +\infty)$，由于

$$\Delta y = \sin(x_0 + \Delta x) - \sin x_0 = 2\cos\frac{2x_0 + \Delta x}{2} \cdot \sin\frac{\Delta x}{2}$$

于是

$$\lim_{\Delta x \to 0} \Delta y = 2\lim_{\Delta x \to 0}\left(\cos\frac{2x_0 + \Delta x}{2} \cdot \sin\frac{\Delta x}{2}\right) = 0$$

所以函数 $f(x) = \sin x$ 在实数域内连续.

可以证明，基本初等函数在其定义域内都是连续的.

### 1.3.2　函数的间断点

函数在点 $x_0$ 处连续的定义蕴含着三个意思：

（1）函数 $f(x)$ 在点 $x_0$ 处有定义；

（2）函数 $f(x)$ 在点 $x_0$ 处的极限存在；

（3）函数 $f(x)$ 在点 $x_0$ 处的函数值等于其极限值.

若函数 $f(x)$ 在点 $x_0$ 处连续，则上述三个条件必须同时满足，且缺一不可. 若有一个条件不满足，则函数 $f(x)$ 在点 $x_0$ 处不连续，这时称函数 $f(x)$ 在点 $x_0$ 处发生**间断**，使函数 $f(x)$ 发生间断的点 $x_0$ 称为函数的**间断点**.

讨论函数在某一点处是否连续，按照题意的不同，通常都按上述三个条件逐步进行计算和判断.

**例 1. 22** 讨论函数

$$f(x) = \frac{x^2 + 2x + 1}{x - 1}$$

在 $x = 1$ 处的连续性.

**解** 因为 $f(x) = \frac{x^2 + 2x + 1}{x - 1}$ 在 $x = 1$ 处没有定义，所以 $f(x)$ 在 $x = 1$ 处不连续，即 $x = 1$ 是函数 $f(x)$ 的间断点.

**例 1. 23** 讨论函数

$$f(x) = \begin{cases} \sin\dfrac{1}{x}, & x \neq 0 \\ 0, & x = 0 \end{cases}$$

在 $x = 0$ 处的连续性.

**解** 由 1.2 节中的结论可知，$\lim\limits_{x \to 0} \sin\dfrac{1}{x}$ 不存在，故 $f(x)$ 在 $x = 0$ 处不连续，即 $x = 0$ 是函数 $f(x)$ 的间断点.

**例 1. 24** 讨论函数

$$f(x) = \begin{cases} x^2 + 2, & x \neq 0 \\ 1, & x = 0 \end{cases}$$

在 $x = 0$ 处的连续性.

**解** 由连续函数的定义，

$$\lim_{x \to 0}(x^2 + 2) = 2 \neq 1 = f(0)$$

故 $f(x)$ 在 $x = 0$ 处不连续，即 $x = 0$ 是函数 $f(x)$ 的间断点.

**例 1. 25** 讨论函数 $f(x) = |x|$ 的连续性.

**解** 由于

$$f(x) = |x| = \begin{cases} x, & x \geq 0 \\ -x, & x < 0 \end{cases}$$

由连续函数的定义，先考察在 $x = 0$ 处的连续性. 因为

$$\lim_{x \to 0^-} f(x) = \lim_{x \to 0^-}(-x) = -\lim_{x \to 0^-} x = 0$$

$$\lim_{x \to 0^+} f(x) = \lim_{x \to 0^+} x = 0$$

所以 $\lim\limits_{x \to 0} f(x) = 0$. 又 $f(0) = 0$，故函数 $f(x)$ 在 $x = 0$ 处连续.

又因为当 $x \neq 0$ 时，$f(x) = x$ 或 $f(x) = -x$，分别在其定义域内是连续的，由此得出函数 $f(x) = |x|$ 在其定义域内都是连续的．

### 1.3.3　连续函数的运算

**1. 连续函数的运算法则**

由极限的运算法则，可以得到连续函数的运算法则．

**定理 1.4**　设函数 $f(x)$，$g(x)$ 是连续函数，则下列函数：

$$f(x) \pm g(x), \quad f(x) \cdot g(x), \quad \frac{f(x)}{g(x)}, \quad f[g(x)]$$

在其有定义的区间内也连续．

**2. 连续函数的有关结论**

根据定理 1.4，可以得到下列结论：

（1）多项式函数

$$y = a_n x^n + a_{n-1} x^{n-1} + \cdots + a_1 x + a_0$$

在其实数域内是连续的．

（2）有理函数

$$y = \frac{a_n x^n + a_{n-1} x^{n-1} + \cdots + a_1 x + a_0}{b_m x^m + b_{m-1} x^{m-1} + \cdots + b_1 x + b_0}$$

在分母不为 0 的点处都是连续的．

（3）初等函数在其定义区间内都是连续的．

由此可得，初等函数在其定义区间内某点处的极限值等于其在该点处的函数值．

**例 1.26**　求 $y = \dfrac{x^2 - 4}{x^2 - x - 6}$ 的连续区间和间断点．

**解**　此函数是一个有理分式，当

$$x^2 - x - 6 = (x - 3)(x + 2) \neq 0$$

即 $x \neq 3, x \neq -2$ 时，函数有定义．于是该函数的定义域为 $(-\infty, -2) \cup (-2, 3) \cup (3, +\infty)$，所以函数的连续区间为 $(-\infty, -2) \cup (-2, 3) \cup (3, +\infty)$，它的间断点是 $x = -2$ 和 $x = 3$．

**本节关键词**　连续　连续点　间断　间断点

## 练习 1.3

1. 设函数

$$f(x) = \begin{cases} x\sin\dfrac{1}{x} + b, & x < 0 \\ a, & x = 0 \\ \dfrac{\sin x}{x}, & x > 0 \end{cases}$$

问:

(1) 当 $a$, $b$ 为何值时, $f(x)$ 在 $x=0$ 处有极限存在?

(2) 当 $a$, $b$ 为何值时, $f(x)$ 在 $x=0$ 处连续?

2. 求下列函数的连续区间和间断点:

(1) $f(x) = \dfrac{x^2 - 2x + 1}{x - 1}$;

(2) $f(x) = \begin{cases} \dfrac{x^2 - 4}{x - 2}, & x \neq 2, \\ 2, & x = 2. \end{cases}$

## 本章小结

本章主要介绍函数、极限和函数连续性的有关概念及运算.

关于函数的概念, 主要是函数的定义及表示法、函数的基本性质 (单调性、奇偶性、有界性、周期性)、基本初等函数和初等函数. 在学习中要正确理解函数的概念, 正确使用函数的符号 $f(x)$, 掌握基本初等函数的特性和图形. 从计算的角度来看, 要求会求函数的定义域, 确定函数关系, 并会将一个较为复杂的初等函数分解为若干个基本初等函数的四则运算和复合运算.

在本章中, 我们还学习了极限的概念及求法, 给出了数列极限和函数极限的定义, 给出了无穷小量的定义, 介绍了求极限的若干种方法 (极限的四则运算法则、第一个重要极限和函数的连续性). 理解极限的概念有一定的难度, 本课程要求学生能够了解极限的描述性定义, 掌握简单函数的极限计算.

连续性是微积分中的一个重要概念, 要领会函数 $f(x)$ 在点 $x = x_0$ 处连续的确切描述 $\lim\limits_{x \to x_0} f(x) = f(x_0)$, 会判断函数在一点处是连续的还是间断的. 记住连续函数的有关结论, 特别是: 初等函数在其定义区间内都是连续的.

## 习 题 1

1. 求下列函数的定义域:

(1) $y = \dfrac{1}{x^2 - 2}$;　　　　　　　　　　(2) $y = \dfrac{2}{x} - \sqrt{1 - x^2}$;

(3) $y = \log_2 \dfrac{1}{1 - x} + \sqrt{x + 1}$;　　　　(4) $y = \lg(\lg x)$.

2. 已知 $f(x + 1) = \dfrac{1}{x^2}$, 求 $f(x)$, $f(0)$, $f(x - 1)$, $f\left(\dfrac{1}{x}\right)$.

3. 已知函数

$$f(x) = \begin{cases} x^2 + 1, & -1 < x \leqslant 0 \\ 2^x, & 0 < x < +\infty \end{cases}$$

求 $f(x)$ 的定义域, 以及函数值 $f(-0.5)$, $f(1)$, $f(f(0))$.

4. 判别下列函数的奇偶性：

(1) $y = 2x^3 - 7\sin x$ ;

(2) $y = x(x - 2)(x + 2)$ ;

(3) $y = x\dfrac{e^x - e^{-x}}{2}$ ;

(4) $y = x\log_2 x$ .

5. 下列函数可以看成由哪些函数复合而成？

(1) $y = \sqrt{3x - 4}$ ;

(2) $y = \tan^3(2x^2 + 1)$ ;

(3) $y = \dfrac{\lg\lg x}{\sqrt{\sin(2x - 1)}}$ ;

(4) $y = e^{\sqrt{x-1}}$ .

6. 求下列函数的极限：

(1) $\lim\limits_{x \to 2}\left(1 - \dfrac{1}{x - 1}\right)$ ;

(2) $\lim\limits_{x \to 1}\dfrac{x - 1}{x^3 - 3x^2 + 2x}$ ;

(3) $\lim\limits_{x \to 3}\dfrac{x^2 - 8x + 15}{x^2 - 5x + 6}$ ;

(4) $\lim\limits_{x \to 1}\left(\dfrac{2}{x^2 - 1} - \dfrac{1}{x - 1}\right)$ ;

(5) $\lim\limits_{x \to 0}\dfrac{\sqrt{1 - x} - 1}{\sin(-2x)}$ ;

(6) $\lim\limits_{x \to 0}\dfrac{\tan 2x - \sin 3x}{x}$ .

7. 设函数

$$f(x) = \begin{cases} x^2 + 2, & x < 0 \\ a, & x = 0 \\ x\sin\dfrac{1}{x} + b, & x > 0 \end{cases}$$

问:

(1) 当 $a$, $b$ 为何值时, $f(x)$ 在 $x = 0$ 处有极限存在?

(2) 当 $a$, $b$ 为何值时, $f(x)$ 在 $x = 0$ 处连续?

8. 下列函数在 $x = 0$ 处是否连续? 为什么?

(1) $f(x) = \begin{cases} x, & x < 0, \\ -x, & x > 0; \end{cases}$

(2) $f(x) = \begin{cases} x\cos\dfrac{1}{x}, & x \neq 0, \\ 1, & x = 0; \end{cases}$

(3) $f(x) = \begin{cases} e^x - 1, & x \neq 0, \\ 0, & x = 0. \end{cases}$

# 学习指导

## 一、疑难解析

### （一）关于函数的概念

1. 组成函数的要素

（1）定义域，即自变量的取值范围 $D$.

（2）对应关系，即因变量与自变量之间的对应关系 $f$.

函数的定义域确定了函数的存在范围，对应关系确定了自变量如何对应到因变量. 这两个要素一旦确定，函数也就随之确定了. 因此，两个函数相等 $\left[ f(x) = g(x) \right]$ 的充分必要条件是它们的定义域和对应关系都相等. 若两者之一不同，那么它们就是两个不同的函数.

2. 函数定义域的确定

对于初等函数，一般求的是它的自然定义域，具体来说，可通过下面的途径确定：

（1）如果函数表达式中有分式，则分母的表达式不为零.

（2）如果函数表达式中有偶次根式，则根式中的表达式非负.

（3）如果函数表达式中有对数式，则对数式中真数的表达式大于零.

（4）如果函数表达式是若干个表达式的代数和，乘积或商的形式，则其定义域为各部分定义域的公共部分.

（5）对于分段函数，其定义域为函数自变量在各段取值的并集.

（6）对于实际的应用问题，应根据问题的实际意义来确定函数的定义域.

3. 函数的对应关系

用解析式表示的函数的对应关系 $f$ 或 $f(\ )$ 是表示对自变量 $x$ 的一种运算，通过 $f$ 或 $f(\ )$ 把 $x$ 变成了 $y$. 例如，$y = f(x) = 2x^3 - 5x + 1$，则 $f$ 代表算式

$$f(\ ) = 2(\ )^3 - 5(\ ) + 1$$

括号内是自变量的位置，运算的结果是因变量的值.

### （二）关于函数的基本性质

函数的基本性质是指函数的单调性、奇偶性、有界性和周期性. 了解函数的性质有助于对函数的研究.

理解函数性质时需要注意下面的问题.

1. 关于函数的单调性

单调函数是与相应的区间相联系的. 例如，函数 $y = x^2$ 在 $(-\infty, 0)$ 内是单调递减的，在 $(0, +\infty)$ 内是单调递增的，在 $(-\infty, +\infty)$ 内不是单调函数.

单调递增（或减）函数的曲线是随着自变量的增大而上升（或下降）的.

2. 关于函数的奇偶性

讨论函数的奇偶性时，其定义域必须是关于原点对称的区间．函数奇偶性的判别方法是函数奇偶性的定义和奇偶函数的运算性质，即

$$奇函数 \pm 奇函数 = 奇函数$$

$$奇函数 \pm 偶函数 = 非奇非偶函数$$

$$奇函数 \times 奇函数 = 偶函数$$

$$奇函数 \times 偶函数 = 奇函数$$

$$偶函数 \times 偶函数 = 偶函数$$

并记住常见的奇函数有 $x^{2n+1}$，$\sin x$；常见的偶函数有 $x^{2n}$，$\cos x$．

### （三）关于函数的函数——函数的复合运算

我们可以这样理解复合函数的概念：当一个函数的自变量用另一个函数的因变量代替时，就可能产生复合函数．例如，在函数 $y = \lg x$ 中，用 $u = \varphi(x) = 1 - x^2$ 替换 $x$，即得

$$y = f(u) = f(\varphi(x)) = \lg(1 - x^2)$$

这里的函数 $y = \lg(1 - x^2)$ 可以看成由函数 $y = \lg u$ 和函数 $u = 1 - x^2$ 复合而成．但是要注意，不是任何两个函数都可以构成复合函数．例如，由 $f(x) = \sqrt{x - 1}$ 和 $\varphi(x) = 1 - x^2$ 就不能构成复合函数，因为 $f(\varphi(x)) = \sqrt{(1 - x^2) - 1} = \sqrt{-x^2}$，而负数 $-x^2$ 开方是没有意义的．

复合函数的复合环节可以多于两个．例如，$y = u^2$，$u = \sin v$，$v = 1 - 2x$ 可以复合为函数 $y = \sin^2(1 - 2x)$．根据前面的知识已经知道，由若干个基本初等函数经过有限次的四则运算和复合步骤可以产生许许多多的函数——初等函数；反过来，对于一个比较复杂的函数，在对它进行研究时，常常要将其分解成若干个组成它的函数．例如，

$$y = \ln(x + \sqrt{1 + x^2})$$

可以分解为 $y = \ln u$，$u = x + \sqrt{v}$，$v = 1 + x^2$．

### （四）关于对极限概念的理解

极限概念作为微积分的基础，在高等数学中占有很重要的地位．本章中连续性的概念和第2章中导数的概念都是用极限来定义的．本书中对于极限概念，只要求从几何上的直观描述来理解，即极限用来描述在自变量的某个变化过程中，函数和某个确定的数值无限地靠近，而且要多近就有多近．

理解极限的定义时要弄清楚，在自变量的某个变化过程中，函数是否有极限决定于在自变量的这个变化过程中函数是否有固定的变化趋势，并且这个变化趋势与自变量的变化趋势和求极限的函数有关，而与函数在该点处是否有定义无关．例如，

$$\lim_{x \to 0} \frac{\sin x}{x} = 1 （第一个重要极限）$$

其中函数 $f(x) = \dfrac{\sin x}{x}$ 在 $x = 0$ 处无定义．又如，

$$\lim_{x\to\infty}\frac{\sin x}{x}=0\ (\text{当 }x\to\infty\text{ 时，为无穷小量乘以有界变量等于无穷小量})$$

注意到这个极限式中的函数与前式相同，但自变量的变化趋势不同，故极限不同．

在极限概念中，我们介绍了 7 种极限形式．

数列极限：$$x_n\to A(n\to\infty)$$

函数极限：$$f(x)\to A(x\to\infty)$$

$$f(x)\to A(x\to+\infty)$$

$$f(x)\to A(x\to-\infty)$$

$$f(x)\to A(x\to x_0)$$

左、右极限：$$f(x)\to L(x\to x_0^-)$$

$$f(x)\to R(x\to x_0^+)$$

且有结论：

$$\lim_{x\to x_0}f(x)=A\Leftrightarrow\lim_{x\to x_0^-}f(x)=\lim_{x\to x_0^+}f(x)=A$$

由于极限是一个局部概念，函数在某点处是否有极限决定于它在该点附近的函数值．因此，对于分段函数在分段点处的极限问题，必须考虑其左、右极限．

**（五）关于极限的计算**

极限计算是本课程的基本计算之一，本书中介绍了下列求极限的方法：

（1）极限的四则运算法则．

（2）第一个重要极限．

（3）函数的连续性．

在具体运用时，首先要清楚上述法则或方法成立的条件，否则会在计算中出现错误．

**（六）关于函数的连续性**

根据连续性的定义，函数 $f(x)$ 在点 $x_0$ 处连续的充分必要条件是，函数 $f(x)$ 在点 $x_0$ 处同时满足下列三个条件：

（1）$f(x)$ 在点 $x_0$ 处有定义．

（2）$f(x)$ 在点 $x_0$ 处有极限．

（3）$f(x)$ 在点 $x_0$ 处的极限值为该点处的函数值，即

$$\lim_{x\to x_0}f(x)=f(x_0)$$

若上述三个条件之一不满足，则 $f(x)$ 在点 $x_0$ 处间断．

连续函数的曲线是一笔画成的．如果函数在某点处发生间断，则该函数的曲线一定在此处断开．

## 二、典型例题

**例 1**  求下列函数的定义域：

(1) $f(x) = \dfrac{x-2}{\ln x} + \sqrt{16-x^2}$；

(2) $f(x) = \begin{cases} 2^x, & -1 < x \leqslant 1, \\ \dfrac{1}{x-1}, & 1 < x \leqslant 4. \end{cases}$

**分析**　(1) 函数是由 $\dfrac{x-2}{\ln x}$ 与 $\sqrt{16-x^2}$ 构成的，按照前面提到的求解途径，先分别求出各个表达式的定义域，再取公共部分.

(2) 这是一个分段函数，先确定函数在各段上自变量的取值范围，再取并集.

**解**　(1) 对于 $\dfrac{x-2}{\ln x}$，要求 $x > 0$ 且 $x \neq 1$，即 $(0, 1) \cup (1, +\infty)$；对于 $\sqrt{16-x^2}$，要求 $16 - x^2 \geqslant 0$，即 $x^2 \leqslant 16$，它等价于 $|x| \leqslant 4$，即 $x \in [-4, 4]$. 于是取两个函数定义域的公共部分，得到所求函数的定义域为

$$[(0, 1) \cup (1, +\infty)] \cap [-4, 4] = (0, 1) \cup (1, 4]$$

(2) 两个分段区间是 $(-1, 1]$ 和 $(1, 4]$，取它们的并集得到所求函数的定义域为 $(-1, 4]$.

**例2**　已知函数 $f(x+1) = x^2 + 2x - 3$，求 $f(x)$，$f\left(\dfrac{1}{x}\right)$ 和 $f(1)$.

**分析**　本题的关键是求出 $f(x)$，可以采取两种不同的方法求解.

[方法1] 将 $x+1$ 看作一个变量，即作变量替换 $t = x+1$，这样得到 $x = t-1$，代入后直接得出 $f(x)$.

[方法2] 将等式右端表示成 $x+1$ 的函数.

**解**　[方法1] 令 $t = x+1$，则 $x = t-1$，代入原式有

$$\begin{aligned} f(t) &= (t-1)^2 + 2(t-1) - 3 \\ &= t^2 - 2t + 1 + 2t - 2 - 3 \\ &= t^2 - 4 \end{aligned}$$

因为函数关系与表示自变量的字母无关，从而得到

$$f(x) = x^2 - 4$$

利用 $f(x)$ 的表达式可直接得到

$$f\left(\frac{1}{x}\right) = \frac{1}{x^2} - 4$$

$$f(1) = 1^2 - 4 = -3$$

[方法2] 将等式右端表示成 $x+1$ 的函数，即

$$f(x+1) = x^2 + 2x + 1 - 4 = (x+1)^2 - 4$$

所以

$$f(x) = x^2 - 4$$

再利用 $f(x)$ 的表达式可直接得到

$$f\left(\frac{1}{x}\right) = \frac{1}{x^2} - 4$$

$$f(1) = 1^2 - 4 = -3$$

**例 3**  判断下列函数的奇偶性:

(1) $f(x) = \sin x + x^2$;

(2) $f(x) = \ln(x + \sqrt{1 + x^2})$.

**分析**  (1) 可以根据定义或运算性质进行判断.

(2) 根据定义进行判断.

**解**  (1) [方法 1] 根据定义进行判断. 因为

$$f(-x) = \sin(-x) + (-x)^2 = -\sin x + x^2$$

所以 $f(-x) \neq f(x)$, $f(-x) \neq -f(x)$. 由定义, $f(x) = \sin x + x^2$ 是非奇非偶函数.

[方法 2] 根据运算性质进行判断. 因为 $\sin x$ 是奇函数, $x^2$ 是偶函数, 所以 $f(x) = \sin x + x^2$ 是非奇非偶函数.

注意: 利用运算性质进行判断的前提是知道各个函数的奇偶性.

(2) 根据定义进行判断. 因为

$$f(-x) = \ln\left[(-x) + \sqrt{1 + (-x)^2}\right]$$

$$= \ln(\sqrt{1 + x^2} - x) = \ln \frac{(\sqrt{1 + x^2} - x)(\sqrt{1 + x^2} + x)}{\sqrt{1 + x^2} + x}$$

$$= \ln \frac{1}{\sqrt{1 + x^2} + x} = -\ln(\sqrt{1 + x^2} + x) = -f(x)$$

所以 $f(x) = \ln(x + \sqrt{1 + x^2})$ 是奇函数.

**例 4**  将下列函数分解为基本初等函数的四则运算或复合运算:

(1) $y = \tan \sqrt{2^x - 1}$;

(2) $y = e^{\sqrt{x^2+1}} \cdot \sin x^2$.

**分析**  任意一个初等函数都可以分解为基本初等函数的四则运算或复合运算. 分解的方法是从最外层开始, 如果是四则运算, 就将运算的每一项都设为中间变量, 然后考察每个中间变量; 如果不是四则运算, 则一定是某一类基本初等函数, 此时将这个基本初等函数的自变量位置上的表达式设为一个中间变量, 然后考察这个中间变量. 将这个方法向内层反复使用.

**解**  (1) $y = \tan u$, $u = \sqrt{v}$, $v = 2^x - 1$.

(2) $y = e^u \cdot \sin v$, $u = \sqrt{w}$, $w = x^2 + 1$, $v = x^2$.

**例5** 求下列各极限:

(1) $\lim\limits_{x \to 1} \dfrac{x^2 + 2x - 3}{x^2 - 6x + 5}$;

(2) $\lim\limits_{x \to 0} \dfrac{\sqrt{1 - x^2} - 1}{\sin^2 x}$.

**分析** 解题之前先分清所求极限函数的类型，再选择相应的方法求解.

(1) 原式是一个有理分式，且当 $x \to 1$ 时，分子和分母的极限都为 0，故不能直接用商的极限法则. 同时还注意到，分式的分子和分母均为 $x$ 的二次多项式，而当 $x \to 1$ 时，分子和分母的极限都为 0，说明分子和分母中均含有因式 $x - 1$，这时采取分解因式的方法，消去使分母极限为 0 的因式 $x - 1$（当 $x \to 1$ 时），再用商的极限法则求出极限值.

(2) 当 $x \to 0$ 时，分子和分母的极限均为 0，而且分子是一个无理函数，分母含有正弦函数，显然不能用分解因式消去零因子的方法. 对于这类题目，一般地，先将根式有理化，消去分式中的无理根式. 又因为分母中含有正弦函数，故运算时要用到第一个重要极限.

**解** (1) $\lim\limits_{x \to 1} \dfrac{x^2 + 2x - 3}{x^2 - 6x + 5} = \lim\limits_{x \to 1} \dfrac{(x - 1)(x + 3)}{(x - 1)(x - 5)} = \lim\limits_{x \to 1} \dfrac{x + 3}{x - 5} = \dfrac{4}{-4} = -1$

(2) $\lim\limits_{x \to 0} \dfrac{\sqrt{1 - x^2} - 1}{\sin^2 x} = \lim\limits_{x \to 0} \dfrac{(\sqrt{1 - x^2} - 1)(\sqrt{1 - x^2} + 1)}{\sin^2 x (\sqrt{1 - x^2} + 1)}$

$\qquad = \lim\limits_{x \to 0} \dfrac{-x^2}{\sin^2 x (\sqrt{1 - x^2} + 1)}$

$\qquad = \lim\limits_{x \to 0} \dfrac{-x^2}{\sin^2 x} \lim\limits_{x \to 0} \dfrac{1}{\sqrt{1 - x^2} + 1}$

$\qquad = -\left(\lim\limits_{x \to 0} \dfrac{x}{\sin x}\right)^2 \lim\limits_{x \to 0} \dfrac{1}{\sqrt{1 - x^2} + 1}$

$\qquad = (-1) \times \dfrac{1}{2} = -\dfrac{1}{2}$

求极限方法小结:

(1) 利用极限的四则运算法则时，要特别注意除法法则. 如果分母的极限为 0，则一定不能直接使用除法法则. 这时需要根据函数的特点，对函数进行适当的变形（常见的变形有分解因式、有理化根式等），消去不定因子后再用除法法则.

(2) 应用重要极限求函数极限时，必须将求极限函数变形为重要极限的标准形式或扩展形式.

第一个重要极限的特点是: 当 $x \to 0$ 时，分式的分子和分母的极限均为 0，且分子和分母中含有正弦函数的关系式. 它的标准形式为 $\lim\limits_{x \to 0} \dfrac{\sin x}{x} = 1$，扩展形式为 $\lim\limits_{\varphi(x) \to 0} \dfrac{\sin \varphi(x)}{\varphi(x)} = 1$.

**例 6** 设函数

$$f(x) = \begin{cases} x\sin\dfrac{1}{x} + b, & x < 0 \\ a, & x = 0 \\ \dfrac{\sin x}{x}, & x > 0 \end{cases}$$

问：

（1）当 $a$，$b$ 为何值时，$f(x)$ 在 $x = 0$ 处有极限存在；

（2）当 $a$，$b$ 为何值时，$f(x)$ 在 $x = 0$ 处连续.

**分析** 函数 $f(x)$ 在点 $x_0$ 处是否连续，关键要看函数在该点处是否有 $\lim\limits_{x \to x_0} f(x) = f(x_0)$.

此函数是一个分段函数，且 $x = 0$ 是它的分段点，则在 $x = 0$ 处有极限存在要求满足

$$\lim_{x \to 0^-} f(x) = \lim_{x \to 0^+} f(x)$$

在 $x = 0$ 处连续要求满足

$$\lim_{x \to 0^-} f(x) = \lim_{x \to 0^+} f(x) = f(0)$$

**解** （1）因为

$$\lim_{x \to 0^-} f(x) = \lim_{x \to 0^-} \left( x\sin\frac{1}{x} + b \right) = b$$

$$\lim_{x \to 0^+} f(x) = \lim_{x \to 0^+} \frac{\sin x}{x} = 1$$

所以当 $b = 1$，$a$ 取任意值时，$f(x)$ 在 $x = 0$ 处有极限存在.

（2）因为 $f(0) = a$，所以当 $a = b = 1$ 时，$f(x)$ 在 $x = 0$ 处连续.

确定函数的连续性，关键是抓住连续性的定义，三条之一不满足者必间断. 要记住连续性的有关结论，对于初等函数，定义区间即为连续区间；对于分段函数，要着重考察它在分段点处的连续性.

## 三、自测试题 （30 分钟内完成）

### （一）单项选择题

1. 设函数 $f(x) = \dfrac{x\sin^2 x}{1 + \cos x}$，则该函数是（ ）.

    A. 奇函数                 B. 偶函数

    C. 非奇非偶函数      D. 既奇又偶函数

2. 函数 $f(x) = \dfrac{\sqrt{2x+1}}{2x^2 - x - 1}$ 的定义域是（ ）.

    A. $\left( -\infty, -\dfrac{1}{2} \right) \cup \left( -\dfrac{1}{2}, +\infty \right)$

B. $\left( -\dfrac{1}{2} , +\infty \right)$

C. $\left( -\infty , -\dfrac{1}{2} \right) \cup \left( -\dfrac{1}{2} , 1 \right) \cup (1 , +\infty)$

D. $\left( -\dfrac{1}{2} , 1 \right) \cup (1 , +\infty)$

3. 设 $f(x+1) = x^2 - 1$，则 $f(x) = ($　　$)$．

   A. $x(x+1)$                B. $x^2$

   C. $x(x-2)$               D. $(x+2)(x-1)$

4. 当 $x \to 0^+$ 时，下列变量中，$($　　$)$ 是无穷小量．

   A. $\dfrac{1}{x}$                B. $\dfrac{\sin x}{x}$

   C. $e^x - 1$               D. $\dfrac{1}{\sqrt{x}}$

5. 函数 $f(x) = \dfrac{x-3}{x^2 - 3x + 2}$ 的间断点是 $($　　$)$．

   A. $x = 1$，$x = 2$        B. $x = 3$

   C. $x = 1$，$x = 2$，$x = 3$    D. 无间断点

（二）填空题

1. 函数 $f(x) = \dfrac{1}{\ln(x+2)} + \sqrt{4 - x^2}$ 的定义域是＿＿＿＿＿＿＿．

2. 函数 $f(x) = \begin{cases} x^2 + 2, & x \leqslant 0, \\ 2^x, & x > 0, \end{cases}$ 则 $f(0) = $＿＿＿＿＿＿＿．

3. 若 $\lim\limits_{x \to 0} \dfrac{\sin mx}{\sin 2x} = 2$，则 $m = $＿＿＿＿＿＿＿．

4. 若函数 $f(x) = \begin{cases} x\sin\dfrac{2}{x} + 1, & x < 0, \\ x^2 + k, & x \geqslant 0 \end{cases}$ 在 $x = 0$ 处连续，则 $k = $＿＿＿＿＿＿＿．

5. 函数 $f(x) = \dfrac{x-1}{x^2 + 5x - 6}$ 的连续区间是＿＿＿＿＿＿＿．

（三）判断题

1. 函数 $f(x) = \sin x + x\cos x$ 的图形关于 $y$ 轴对称．         （　　）

2. $f(x) = \dfrac{1+x}{1-x}$，则 $f(x-1) = \dfrac{x}{2-x}$．         （　　）

3. $\lim\limits_{x \to 0}\left( 1 - \dfrac{\sin x}{x} \right) = 0$．         （　　）

4. $\lim\limits_{x \to \infty} x\sin\dfrac{1}{x} = 0$．         （　　）

5. 若函数 $f(x)$ 在点 $x_0$ 处连续，则它一定在点 $x_0$ 处有定义. （    ）

## （四）计算题

1. $\lim\limits_{x \to 4} \dfrac{x^2 - 5x - 4}{x^2 - 3x - 4}$.

2. $\lim\limits_{x \to 4} \dfrac{x^2 - 6x + 8}{x^2 - 5x + 4}$.

3. $\lim\limits_{x \to 1} \dfrac{x^2 - 3x + 2}{\sin(x - 1)}$.

4. $\lim\limits_{x \to 0} \dfrac{\sqrt{1 - 2x} - 1}{\sin x}$.

# 第2章 导数与微分

## 导言

在实际问题中，既要建立变量之间的函数关系，又要研究由自变量变化而引起的函数变化的快慢程度，即所谓变化率的问题．这类问题在高等数学中抽象为导数和微分的问题．

本章主要介绍一元函数的导数和微分的概念，并讨论它们的性质及计算．

## 学习目标

1. 了解导数的概念，会求曲线的切线方程．

2. 熟练掌握求导数的方法（导数基本公式、导数的四则运算法则、复合函数求导法则），会求简单的隐函数的导数．

3. 了解微分的概念，掌握微分的计算方法．

## 2.1 导数的概念

### 2.1.1 引入导数概念的实例

为了说明导数的定义，下面先介绍两个典型的问题：速率问题和切线问题．

**1. 速率问题**

实际上，这是一个日常生活中的例子．

我们经常要乘汽车到单位上班，假如单位距离住所的行驶距离是 30 km，大约需要行驶 40 min，可以推断出汽车行驶的平均速率为 45 km/h，这是用匀速运动公式 $v = \dfrac{S}{t}$（其中 $S$ 表示路程，$t$ 表示时间）计算出来的．然而，在实际问题中，由于行驶中的路况不同，汽车经常是在时快时慢地做变速运动．若问汽车行驶到第 20 min 时的速率为多少，显然，用 45 km/h 作为此时的答案是不合适的．那么如何确定汽车此时的速率呢？可以设想一下，汽车运动的速度应该是连续的，在时间间隔不大时，速率的变化也不会大．于是可采用下面的方法进行讨论．

假设汽车行驶的路程为 $S$，时间为 $t$，且 $S$ 是 $t$ 的函数 $S = S(t)$，汽车从时刻 $t_0$ 再行驶一段较短的时间 $\Delta t$，即从 $t_0$ 到 $t_0 + \Delta t$，相应地，汽车在这段时间经过的路程为

$$\Delta S = S(t_0 + \Delta t) - S(t_0)$$

因此，这时的平均速率为

$$\bar{v} = \frac{\Delta S}{\Delta t} = \frac{S(t_0 + \Delta t) - S(t_0)}{\Delta t}$$

由于汽车在变速行驶，它在每一刻的速率都可能是不相同的，但是，当时间间隔较短时，可以认为速率的变化很小．也就是说，这时平均速率可以近似地等于 $t_0$ 时刻的瞬时速率，而且 $\Delta t$ 越小，近似的程度就越高．自然地，令 $\Delta t \to 0$，对以上的平均速率取极限，若极限值为 $v$，则

$$v = \lim_{\Delta t \to 0} \frac{\Delta S}{\Delta t} = \lim_{\Delta t \to 0} \frac{S(t_0 + \Delta t) - S(t_0)}{\Delta t}$$

这个极限就是汽车在时刻 $t_0$ 的瞬时速率．

**2. 切线问题**

在中学的平面几何中，关于圆的切线是这样定义的：与圆有且只有一个交点的直线．但是，如果把此定义推广到一般的曲线上便不能成立了．例如，抛物线 $y = x^2$ 在坐标原点与两条坐标轴都只有一个交点，但 $x$ 轴可以视为是它的切线，$y$ 轴则不是切线．这时我们自然就会问，对于一般的曲线，其切线如何定义呢？

可如下定义一般曲线在某点处的切线：设 $L$ 为平面直角坐标系中的曲线，$M$ 是曲线上的一个定点，在曲线上另取一个动点 $M_1$，作割线 $MM_1$．当动点 $M_1$ 沿曲线 $L$ 移动并趋于 $M$ 时，割线 $MM_1$ 的极限位置 $MT$ 即为曲线 $L$ 在定点 $M$ 处的切线，如图 2 - 1 所示．

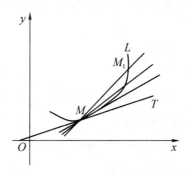

图 2 - 1　割线与切线关系示意图

根据此定义，可以用求极限的方法确定曲线切线的斜率．

设有曲线 $y = f(x)$，如图 2 - 2 所示，点 $M(x_0, y_0)$ 为曲线上的一个定点，在曲线上另取一个动点 $M_1(x_0 + \Delta x, y_0 + \Delta y)$，其位置决定于 $\Delta x$．作割线 $MM_1$，设其倾角（$MM_1$ 与 $x$ 轴正

向的夹角）为 $\varphi$，由图 2-2 可知，割线 $MM_1$ 斜率为

$$\tan\varphi = \frac{\Delta y}{\Delta x} = \frac{f(x_0 + \Delta x) - f(x_0)}{\Delta x}$$

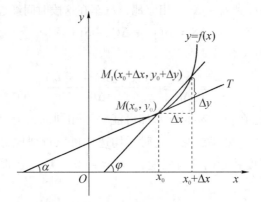

图 2-2　求切线斜率示意图

当动点 $M_1$ 沿曲线移动并趋于 $M$，即 $\Delta x \to 0$ 时，$\varphi \to \alpha$（$\alpha$ 为 $MT$ 与 $x$ 轴正向的夹角），相应的割线 $MM_1$ 也随之变动而趋于极限位置 $MT$. 这时，切线 $MT$ 的斜率为

$$\tan\alpha = \lim_{\Delta x \to 0}\tan\varphi = \lim_{\Delta x \to 0}\frac{\Delta y}{\Delta x} = \lim_{\Delta x \to 0}\frac{f(x_0 + \Delta x) - f(x_0)}{\Delta x}, \quad \alpha \neq \frac{\pi}{2}$$

以上两个例子的实际背景虽然不同，但从抽象的数量关系来看，它们都可归结为求同一种形式的极限：

$$\lim_{\Delta x \to 0}\frac{\Delta y}{\Delta x} = \lim_{\Delta x \to 0}\frac{f(x_0 + \Delta x) - f(x_0)}{\Delta x}$$

实际上，在科学技术和经济分析中还会有许多问题都可归结为求以上形式的极限，抛开这些问题的实际内容，经过抽象概括可引出函数导数的概念.

### 2.1.2　导数的定义

**定义 2.1**　设函数 $y = f(x)$ 在点 $x_0$ 的某个邻域内有定义，当自变量 $x$ 在点 $x_0$ 处取得改变量 $\Delta x(\neq 0)$ 时，函数 $y$ 取得相应的改变量

$$\Delta y = f(x_0 + \Delta x) - f(x_0)$$

若当 $\Delta x \to 0$ 时，两个改变量之比 $\dfrac{\Delta y}{\Delta x}$ 的极限

$$\lim_{\Delta x \to 0}\frac{\Delta y}{\Delta x} = \lim_{\Delta x \to 0}\frac{f(x_0 + \Delta x) - f(x_0)}{\Delta x}$$

存在，则称函数 $y = f(x)$ 在点 $x_0$ 处可导，并称此极限值为函数 $y = f(x)$ 在点 $x_0$ 处的**导数**，记为

$$f'(x_0), \quad y'\Big|_{x=x_0}, \quad \frac{df}{dx}\Big|_{x=x_0}, \quad \frac{dy}{dx}\Big|_{x=x_0}$$

即

$$f'(x_0) = \lim_{\Delta x \to 0} \frac{\Delta y}{\Delta x} = \lim_{\Delta x \to 0} \frac{f(x_0 + \Delta x) - f(x_0)}{\Delta x} \tag{2-1}$$

若式（2-1）中的极限不存在，则称函数 $y = f(x)$ 在点 $x_0$ 处不可导.

若在式（2-1）中，令 $x = x_0 + \Delta x$，则 $\Delta x = x - x_0$，且当 $\Delta x \to 0$ 时，$x \to x_0$，于是式（2-1）可写为

$$f'(x_0) = \lim_{x \to x_0} \frac{f(x) - f(x_0)}{x - x_0} \tag{2-2}$$

式（2-2）可看作导数定义的另一种形式.

极限

$$\lim_{\Delta x \to 0^-} \frac{\Delta y}{\Delta x} = \lim_{\Delta x \to 0^-} \frac{f(x_0 + \Delta x) - f(x_0)}{\Delta x} = f'_-(x_0)$$

$$\lim_{\Delta x \to 0^+} \frac{\Delta y}{\Delta x} = \lim_{\Delta x \to 0^+} \frac{f(x_0 + \Delta x) - f(x_0)}{\Delta x} = f'_+(x_0)$$

分别称为函数 $y = f(x)$ 在点 $x_0$ 处的**左导数**和**右导数**. 显然，函数 $y = f(x)$ 在点 $x_0$ 处可导的充分必要条件是：函数 $y = f(x)$ 在点 $x_0$ 处的左导数和右导数都存在且相等.

**例 2.1**　求函数 $y = x^2$ 在 $x = 2$ 处的导数.

**解**　在 $x = 2$ 处，由式（2-1），得到

$$f'(2) = \lim_{\Delta x \to 0} \frac{f(2 + \Delta x) - f(2)}{\Delta x} = \lim_{\Delta x \to 0} \frac{(2 + \Delta x)^2 - 2^2}{\Delta x}$$

$$= \lim_{\Delta x \to 0} \frac{2^2 + 4\Delta x + (\Delta x)^2 - 2^2}{\Delta x} = \lim_{\Delta x \to 0} (4 + \Delta x) = 4$$

如果函数 $y = f(x)$ 在区间 $(a, b)$ 内的每一点处都可导，则称函数 $y = f(x)$ 在区间 $(a, b)$ 内可导. 这时，对于区间 $(a, b)$ 内的每一个 $x$，都有一个导数值 $f'(x)$ 与之相对应，那么 $f'(x)$ 也是 $x$ 的一个函数，称为函数 $y = f(x)$ 在区间 $(a, b)$ 内的导函数，简称导数，记为

$$f'(x), \quad y', \quad \frac{df}{dx}, \quad \frac{dy}{dx}$$

将式（2-1）中的 $x_0$ 换成 $x$，则

$$f'(x) = \lim_{\Delta x \to 0} \frac{\Delta y}{\Delta x} = \lim_{\Delta x \to 0} \frac{f(x + \Delta x) - f(x)}{\Delta x} \tag{2-3}$$

函数 $y = f(x)$ 在点 $x_0$ 处的导数 $f'(x_0)$ 是其导函数 $f'(x)$ 在点 $x_0$ 处的函数值，即

$$f'(x_0) = f'(x)\Big|_{x=x_0}$$

函数 $y = f(x)$ 在闭区间 $[a, b]$ 上可导是指 $y = f(x)$ 在开区间 $(a, b)$ 内处处可导，且在左端点 $x = a$ 处右可导，在右端点 $x = b$ 处左可导.

利用导数的定义，可以得到一些函数的导数.

**例 2.2** 求函数 $y = \sqrt{x}$ 的导数 $y'$，并求 $y'(1)$．

**解**
$$\Delta y = \sqrt{x + \Delta x} - \sqrt{x}$$

$$y' = \lim_{\Delta x \to 0} \frac{\Delta y}{\Delta x} = \lim_{\Delta x \to 0} \frac{\sqrt{x + \Delta x} - \sqrt{x}}{\Delta x}$$

$$= \lim_{\Delta x \to 0} \frac{(\sqrt{x + \Delta x} - \sqrt{x})(\sqrt{x + \Delta x} + \sqrt{x})}{\Delta x(\sqrt{x + \Delta x} + \sqrt{x})}$$

$$= \lim_{\Delta x \to 0} \frac{x + \Delta x - x}{\Delta x(\sqrt{x + \Delta x} + \sqrt{x})} = \lim_{\Delta x \to 0} \frac{\Delta x}{\Delta x(\sqrt{x + \Delta x} + \sqrt{x})}$$

$$= \frac{1}{2\sqrt{x}}$$

$$y'(1) = y'(x) \Big|_{x=1} = \frac{1}{2\sqrt{x}} \Big|_{x=1} = \frac{1}{2}$$

**例 2.3** 设 $y = C$（常数函数），求 $y'$．

**解** 因为
$$\Delta y = C - C = 0$$

$$\lim_{\Delta x \to 0} \frac{\Delta y}{\Delta x} = 0$$

所以 $y' = (C)' = 0$．

**例 2.4** 设 $y = \sin x$，求 $y'$．

**解** 因为
$$\Delta y = \sin(x + \Delta x) - \sin x$$

$$= 2\cos\left(x + \frac{\Delta x}{2}\right) \cdot \sin \frac{\Delta x}{2}$$

$$\lim_{\Delta x \to 0} \frac{\Delta y}{\Delta x} = \lim_{\Delta x \to 0} \cos\left(x + \frac{\Delta x}{2}\right) \cdot \frac{\sin \frac{\Delta x}{2}}{\frac{\Delta x}{2}}$$

$$= \cos x$$

所以 $(\sin x)' = \cos x$．

利用导数定义还可以证明如下结论：

（1）幂函数 $y = x^n$（$n$ 为正整数）的导数为
$$(x^n)' = nx^{n-1}$$

（2）指数函数 $y = a^x$（$a > 0, a \neq 1$）的导数为
$$(a^x)' = a^x \ln a$$

特别地，对于 $y = e^x$，有
$$(e^x)' = e^x$$

（3）对数函数 $y = \log_a x(a > 0 , a \neq 1)$ 的导数为

$$(\log_a x)' = \frac{1}{x} \log_a e = \frac{1}{x \ln a}$$

特别地，对于 $y = \ln x$ ，有

$$(\ln x)' = \frac{1}{x}$$

（4）余弦函数 $y = \cos x$ 的导数为

$$(\cos x)' = -\sin x$$

## 2.1.3　导数的几何意义

由 2.1.1 小节中对切线问题的分析可知，函数 $y = f(x)$ 在点 $x_0$ 处的导数 $f'(x_0)$ 就是曲线 $y = f(x)$ 在点 $(x_0 , f(x_0))$ 处切线的斜率．

应用直线的点斜式方程，可以得到曲线 $y = f(x)$ 在点 $(x_0 , f(x_0))$ 处的切线方程为

$$y - f(x_0) = f'(x_0)(x - x_0) \tag{2-4}$$

若 $y = f(x)$ 在点 $x_0$ 处连续，而 $\lim\limits_{\Delta x \to 0} \dfrac{\Delta y}{\Delta x} = \infty$ ，则 $y = f(x)$ 在点 $x_0$ 处的导数不存在，这时在点 $(x_0 , f(x_0))$ 处的切线方程为

$$x = x_0$$

此时切线垂直于 $x$ 轴．

**例 2.5**　求曲线 $y = 2^x$ 在 $x = 0$ 处切线的斜率．

**解**　因为

$$y' = (2^x)' = 2^x \ln 2$$

$$y'(0) = 2^x \ln 2 \Big|_{x=0} = \ln 2$$

所以曲线 $y = 2^x$ 在 $x = 0$ 处切线的斜率为 $\ln 2$ ．

**例 2.6**　求曲线 $y = \sqrt{x}$ 在点 $(4 , 2)$ 处的切线方程．

**解**　由例 2.2 知

$$y' = \frac{1}{2\sqrt{x}}$$

$$y'(4) = \frac{1}{2\sqrt{x}} \Big|_{x=4} = \frac{1}{4}$$

于是曲线 $y = \sqrt{x}$ 在点 $(4 , 2)$ 处的切线方程为

$$y - 2 = \frac{1}{4}(x - 4)$$

即

$$x - 4y + 4 = 0$$

### 2.1.4　函数可导性与连续性的关系

在微分学中，函数的可导与连续是两个重要的概念，它们之间有没有内在的联系呢？

**定理 2.1**　若函数 $y = f(x)$ 在点 $x$ 处可导，则 $f(x)$ 在点 $x$ 处连续.

**证**　因为函数 $y = f(x)$ 在点 $x$ 处可导，即极限 $\lim\limits_{\Delta x \to 0} \dfrac{\Delta y}{\Delta x} = f'(x)$ 存在，于是

$$\lim_{\Delta x \to 0} \Delta y = \lim_{\Delta x \to 0} \frac{\Delta y}{\Delta x} \cdot \Delta x = \lim_{\Delta x \to 0} \frac{\Delta y}{\Delta x} \cdot \lim_{\Delta x \to 0} \Delta x = f'(x) \cdot 0 = 0$$

所以由连续函数的定义可知，函数 $f(x)$ 在点 $x$ 处连续.

注意：定理 2.1 的逆命题是不成立的，即已知函数 $y = f(x)$ 在点 $x$ 处连续，但 $f(x)$ 在点 $x$ 处不一定可导. 关于这一点，可以通过下面的例子说明.

**例 2.7**　讨论函数 $y = |x|$ 在 $x = 0$ 处的可导性与连续性.

**解**　1.3 节已经证明了 $y = |x|$ 在 $x = 0$ 处是连续的，现在来讨论它的可导性.

由于 $x = 0$ 是函数的分段点，故要讨论函数在 $x = 0$ 处的左、右导数. 因为

$$f'_-(0) = \lim_{\Delta x \to 0^-} \frac{\Delta y}{\Delta x} = \lim_{\Delta x \to 0^-} \frac{|\Delta x|}{\Delta x} = \lim_{\Delta x \to 0^-} \frac{-\Delta x}{\Delta x} = -1$$

$$f'_+(0) = \lim_{\Delta x \to 0^+} \frac{\Delta y}{\Delta x} = \lim_{\Delta x \to 0^+} \frac{|\Delta x|}{\Delta x} = \lim_{\Delta x \to 0^+} \frac{\Delta x}{\Delta x} = 1$$

显然，$f'_-(0) \neq f'_+(0)$，所以 $f'(0)$ 不存在，即 $y = |x|$ 在 $x = 0$ 处不可导.

由此可知，可导一定连续，但连续不一定可导，连续只是可导的必要条件.

### 2.1.5　微分的定义

微分是微分学中又一个基本概念，它在研究由于自变量的微小变化而引起函数变化的近似计算问题中起着重要的作用.

已经知道，导数讨论的是由自变量 $x$ 的变化引起函数 $y$ 的变化的快慢程度（变化率），即当 $\Delta x \to 0$ 时比值 $\dfrac{\Delta y}{\Delta x}$ 的极限. 在许多问题中，由于函数比较复杂，当自变量取得一个微小改变量 $\Delta x$ 时，相应的函数改变量 $\Delta y$ 的计算也比较复杂. 这就引发了人们考虑能否借助 $\dfrac{\Delta y}{\Delta x}$ 的极限（导数）及 $\Delta x$ 来近似地表达 $\Delta y$. 由此引出微分的概念.

**定义 2.2**　设函数 $y = f(x)$ 在点 $x_0$ 处可导，$\Delta x$ 是自变量 $x$ 的改变量，称 $f'(x_0)\Delta x$ 为函数 $y = f(x)$ 在点 $x_0$ 处的**微分**，记作

$$\mathrm{d}y \Big|_{x = x_0}$$

即

$$dy \Big|_{x=x_0} = f'(x_0)\Delta x \qquad (2-5)$$

并称函数 $f(x)$ 在点 $x_0$ 处**可微**.

对于函数 $y=f(x)$ 在任意点 $x$ 处的微分, 有

$$dy = f'(x)\Delta x \qquad (2-6)$$

当 $y=f(x)=x$ 时, 由式 (2-6) 可得 $dx = x'\Delta x = 1 \cdot \Delta x = \Delta x$. 可见, 自变量 $x$ 的微分 $dx$ 即为其改变量 $\Delta x$. 于是式 (2-6) 也可以改写为

$$dy = f'(x)dx \qquad (2-7)$$

那么, 函数的微分 $dy$ 与其改变量 $\Delta y$ 之间有什么关系呢?

由微分的定义可知, 函数可微与可导在存在性上是等价的, 即可微必可导. 那么导数与微分之间的关系是什么呢?

设 $y=f(x)$ 在点 $x$ 处可导, 即极限

$$\lim_{\Delta x \to 0} \frac{\Delta y}{\Delta x} = f'(x)$$

存在. 根据有极限变量与无穷小量之间的关系, 有

$$\frac{\Delta y}{\Delta x} = f'(x) + \alpha \qquad (2-8)$$

其中 $\alpha$ 为当 $\Delta x \to 0$ 时的无穷小量. 将式 (2-8) 两边同时乘以 $\Delta x$, 得到

$$\Delta y = f'(x)\Delta x + \alpha \cdot \Delta x$$

由式 (2-6) 得

$$\Delta y = dy + \alpha \cdot \Delta x$$

可见, 当 $|\Delta x|$ 很小时, $\Delta y$ 与 $dy$ 相差也很小. 于是有

$$\Delta y \approx dy, \qquad \text{当} |\Delta x| \text{很小时}$$

表明当函数 $y=f(x)$ 在点 $x$ 处的自变量取得微小改变量时, 相应的函数改变量 $\Delta y$ 可以用 $dy$ 近似代替.

**例 2.8** 求函数 $y = x^2$ 在 $x=1$ 处, $\Delta x = 0.01$ 时的改变量和微分.

**解** $$\Delta y = (1 + 0.01)^2 - 1^2 = 1.0201 - 1 = 0.0201$$

$$dy \Big|_{x=1} = y'(1)dx = 2 \times 0.01 = 0.02$$

可见

$$\Delta y \approx dy$$

**例 2.9** 求函数 $y = \cos x$ 的微分.

**解** $$dy = (\cos x)'dx = -\sin x dx$$

由式 (2-7) 知, 函数的微分恰是函数的导数乘以自变量的微分. 如果将式 (2-7) 两边同时除以自变量的微分 $dx$, 则有

$$\frac{dy}{dx} = f'(x)$$

即导数是函数的微分与自变量的微分之商，所以导数也称为**微商**.

由式（2 - 7），可以得到下列微分公式：

$$y = x^n \qquad\qquad dy = nx^{n-1}dx$$

$$y = \ln x \qquad\qquad dy = \frac{1}{x}dx$$

$$y = \log_a x \qquad\qquad dy = \frac{1}{x\ln a}dx = \frac{1}{x}\log_a e dx$$

$$y = e^x \qquad\qquad dy = e^x dx$$

$$y = a^x \qquad\qquad dy = a^x \ln a dx$$

$$y = \sin x \qquad\qquad dy = \cos x dx$$

$$y = \cos x \qquad\qquad dy = -\sin x dx$$

**本节关键词** 导数 导函数 切线方程 微分

## 练习 2.1

1. 根据导数的定义，求下列函数的导数：

(1) $y = 3x + 2$；  (2) $y = \dfrac{1}{x}$.

2. 求下列函数在指定点 $x_0$ 处的导数：

(1) $y = x^3$，$x_0 = 2$；  (2) $y = \ln x$，$x_0 = e$；

(3) $y = 3^x$，$x_0 = 0$；  (4) $y = \cos x$，$x_0 = \dfrac{\pi}{4}$.

3. 求下列函数的导数：

(1) $y = \sin \dfrac{\pi}{3}$；  (2) $y = \lg x$；

(3) $y = \left(\dfrac{1}{2}\right)^x$；  (4) $y = x^5$.

4. 求曲线 $y = e^x$ 在点（0，1）处的切线方程.

5. 在抛物线 $y = x^2$ 上求一点，使该点处的切线平行于直线 $y = 4x - 1$.

6. 求下列函数的微分：

(1) $f(x) = 5$；  (2) $f(x) = x^7$；

(3) $f(x) = 5^x$；  (4) $f(x) = \sin x$.

## 2.2 导数公式与求导法则

初等函数是微积分研究的主要对象，求初等函数的导数（或微分）是微积分的基本运

算 . 2.1 节已经介绍了用定义求导数的方法，但是，当函数较为复杂时，用这种方法求导数就比较困难了，甚至是求不出来的．为此，需要建立基本初等函数的导数公式及求导法则，从而研究求函数导数的一般方法．

### 2.2.1　导数（微分）的四则运算法则

**1. 代数和的导数（微分）运算法则**

**定理 2.2**　设函数 $u(x)$，$v(x)$ 在点 $x$ 处可导，则 $u(x) \pm v(x)$ 在点 $x$ 处也可导，且

$$[u(x) \pm v(x)]' = u'(x) \pm v'(x) \tag{2-9}$$

$$d[u(x) \pm v(x)] = du(x) \pm dv(x) \tag{2-10}$$

**证**　[只证明式（2-9）.]

记 $y(x) = u(x) + v(x)$，当 $x$ 取得改变量 $\Delta x$ 时，函数 $y(x) = u(x) + v(x)$ 取得相应的改变量

$$\Delta y = [u(x + \Delta x) + v(x + \Delta x)] - [u(x) + v(x)] = \Delta u + \Delta v$$

且

$$\frac{\Delta y}{\Delta x} = \frac{\Delta u + \Delta v}{\Delta x}$$

于是

$$y' = \lim_{\Delta x \to 0} \frac{\Delta y}{\Delta x} = \lim_{\Delta x \to 0} \frac{\Delta u}{\Delta x} + \lim_{\Delta x \to 0} \frac{\Delta v}{\Delta x} = u'(x) + v'(x)$$

即

$$[u(x) + v(x)]' = u'(x) + v'(x)$$

同理，有

$$[u(x) - v(x)]' = u'(x) - v'(x)$$

**例 2.10**　设 $y = x^2 + \sin x$，求 $y'$.

**解**
$$y' = (x^2 + \sin x)' = (x^2)' + (\sin x)'$$
$$= 2x + \cos x$$

式（2-9）和式（2-10）可以推广到有限多个函数的代数和的情形，即设 $u_i(x)$（$i = 1, 2, \cdots, n$）在点 $x$ 处可导，则

$$[u_1(x) \pm u_2(x) \pm \cdots \pm u_n(x)]' = u_1'(x) \pm u_2'(x) \pm \cdots \pm u_n'(x)$$

$$d[u_1(x) \pm u_2(x) \pm \cdots \pm u_n(x)] = du_1(x) \pm du_2(x) \pm \cdots \pm du_n(x)$$

**例 2.11**　设 $y = 2^x + \ln x - \sqrt{x}$，求 $dy$.

**解**　由 $dy = y'dx$，先求 $y'$.

$$y' = (2^x + \ln x - \sqrt{x})' = (2^x)' + (\ln x)' - (x^{\frac{1}{2}})'$$

$$= 2^x \ln 2 + \frac{1}{x} - \frac{1}{2} x^{-\frac{1}{2}}$$

$$dy = \left(2^x\ln2 + \frac{1}{x} - \frac{1}{2\sqrt{x}}\right)dx$$

**2. 乘积的导数（微分）运算法则**

**定理 2.3** 设函数 $u(x)$，$v(x)$ 在点 $x$ 处可导，则 $u(x) \cdot v(x)$ 在点 $x$ 处也可导，且

$$[u(x) \cdot v(x)]' = u'(x)v(x) + u(x)v'(x) \tag{2-11}$$

$$d[u(x) \cdot v(x)] = v(x)du(x) + u(x)dv(x) \tag{2-12}$$

特别地，当 $u(x) = C$（$C$ 为常数）时，

$$[Cv(x)]' = Cv'(x)$$

$$d[Cv(x)] = Cdv(x)$$

即常数因子可以提到导数（微分）符号外面.

式（2-11）和式（2-12）可以推广到有限多个函数的乘积的情形，即设 $u_i(x)$（$i = 1,2,\cdots,n$）在点 $x$ 处可导，则

$$[u_1(x) \cdot u_2(x) \cdot \cdots \cdot u_n(x)]'$$

$$= u_1'(x) \cdot u_2(x) \cdot \cdots \cdot u_n(x) + u_1(x) \cdot u_2'(x) \cdot \cdots \cdot u_n(x) + \cdots +$$

$$u_1(x) \cdot u_2(x) \cdot \cdots \cdot u_n'(x)$$

$$d[u_1(x) \cdot u_2(x) \cdot \cdots \cdot u_n(x)]$$

$$= du_1(x) \cdot u_2(x) \cdot \cdots \cdot u_n(x) + u_1(x) \cdot du_2(x) \cdot \cdots \cdot u_n(x) + \cdots +$$

$$u_1(x) \cdot u_2(x) \cdot \cdots \cdot du_n(x)$$

**例 2.12** 设 $y = (e^x - 3\sqrt{x})(x - \sin x)$，求 $y'$.

**解**

$$y' = (e^x - 3\sqrt{x})'(x - \sin x) + (e^x - 3\sqrt{x})(x - \sin x)'$$

$$= \left(e^x - \frac{3}{2\sqrt{x}}\right)(x - \sin x) + (e^x - 3\sqrt{x})(1 - \cos x)$$

**3. 商的导数（微分）运算法则**

**定理 2.4** 设函数 $u(x)$，$v(x)$ 在点 $x$ 处可导，且 $v(x) \neq 0$，则 $\dfrac{u(x)}{v(x)}$ 在点 $x$ 处也可导，且满足

$$\left[\frac{u(x)}{v(x)}\right]' = \frac{u'(x)v(x) - u(x)v'(x)}{v^2(x)} \tag{2-13}$$

$$d\left[\frac{u(x)}{v(x)}\right] = \frac{v(x)du(x) - u(x)dv(x)}{v^2(x)} \tag{2-14}$$

特别地，当 $u(x) = C$（$C$ 为常数）时，

$$\left[\frac{C}{v(x)}\right]' = -\frac{Cv'(x)}{v^2(x)}$$

$$d\left[\frac{C}{v(x)}\right] = -\frac{Cdv(x)}{v^2(x)}$$

利用式（2 - 13）可以得到负整数幂的幂函数的导数公式. 设 $\alpha = -n$（$n$ 为正整数），则

$$(x^{\alpha})' = \left(\frac{1}{x^n}\right)' = -\frac{(x^n)'}{x^{2n}} = -\frac{nx^{n-1}}{x^{2n}} = -\frac{n}{x^{n+1}} = \alpha x^{\alpha-1}$$

**例 2. 13**　设 $y = \dfrac{x-1}{x+1}$，求 $y'$ 和 $\mathrm{d}y$.

**解**
$$y' = \left(\frac{x-1}{x+1}\right)' = \frac{(x-1)'(x+1) - (x-1)(x+1)'}{(x+1)^2}$$
$$= \frac{(x+1) - (x-1)}{(x+1)^2} = \frac{2}{(x+1)^2}$$
$$\mathrm{d}y = \frac{2}{(x+1)^2}\mathrm{d}x$$

**例 2. 14**　设 $y = \tan x$，求 $y'$.

**解**
$$y' = (\tan x)' = \left(\frac{\sin x}{\cos x}\right)'$$
$$= \frac{(\sin x)'\cos x - \sin x(\cos x)'}{\cos^2 x}$$
$$= \frac{\cos x \cdot \cos x - \sin x(-\sin x)}{\cos^2 x} = \frac{\cos^2 x + \sin^2 x}{\cos^2 x}$$
$$= \frac{1}{\cos^2 x}$$

即
$$(\tan x)' = \frac{1}{\cos^2 x}$$

同理，可得
$$(\cot x)' = -\frac{1}{\sin^2 x}$$

**例 2. 15**　设 $y = \dfrac{1 + \sin x}{\cos x}$，求 $y'(0)$.

**解**
$$y' = \frac{(1 + \sin x)'\cos x - (1 + \sin x)(\cos x)'}{\cos^2 x}$$
$$= \frac{\cos^2 x + \sin x + \sin^2 x}{\cos^2 x}$$
$$= \frac{1 + \sin x}{\cos^2 x}$$

于是
$$y'(0) = \left.\frac{1 + \sin x}{\cos^2 x}\right|_{x=0} = 1$$

### 2.2.2 复合函数求导法则

由前面的结论已经知道，$(e^x)' = e^x$，那么是否有 $(e^{2x})' = e^{2x}$ 呢？

由指数运算公式 $e^{2x} = e^{x+x} = e^x \cdot e^x$，用导数的乘法法则得到

$$(e^{2x})' = (e^x)' \cdot e^x + e^x \cdot (e^x)' = e^x \cdot e^x + e^x \cdot e^x = 2e^{2x}$$

这说明 $(e^{2x})' \neq e^{2x}$，其原因在于 $y = e^{2x}$ 是复合函数，它是由

$$y = e^u, \quad u = 2x$$

复合而成的，直接套用基本公式求复合函数的导数是不可行的．

那么如何求复合函数的导数呢？

**定理 2.5** 设 $y = f(u)$，$u = g(x)$，且 $u = g(x)$ 在点 $x$ 处可导，$y = f(u)$ 在点 $u = g(x)$ 处可导，则复合函数 $y = f[g(x)]$ 在点 $x$ 处也可导，且

$$y' = f'(u) \cdot g'(x) \tag{2-15}$$

或

$$y' = y_u' \cdot u_x'$$

**证** 设自变量 $x$ 在点 $x$ 处取得改变量 $\Delta x$，则中间变量 $u$ 取得相应的改变量 $\Delta u$，从而函数 $y$ 也取得相应的改变量 $\Delta y$．

由于 $y = f(u)$ 在点 $u$ 处可导，则对于任意的改变量 $\Delta u \neq 0$，有

$$\frac{\Delta y}{\Delta u} = f'(u) + \alpha$$

于是可以得到

$$\Delta y = f'(u)\Delta u + \alpha\Delta u \tag{2-16}$$

其中 $\alpha \to 0(\Delta u \to 0)$．式（2-16）对于 $\Delta u = 0$ 也成立．为确定起见，不妨设当 $\Delta u = 0$ 时，$\alpha = 0$，对于任意改变量 $\Delta x$，由式（2-16）有

$$\frac{\Delta y}{\Delta x} = f'(u)\frac{\Delta u}{\Delta x} + \alpha\frac{\Delta u}{\Delta x}$$

令 $\Delta x \to 0$，由定理 2.1 知 $\Delta u \to 0$，因此，有 $\alpha \to 0$．由此得到

$$y_x' = \lim_{\Delta x \to 0}\frac{\Delta y}{\Delta x} = \lim_{\Delta x \to 0}f'(u)\frac{\Delta u}{\Delta x} + \lim_{\Delta x \to 0}\alpha\frac{\Delta u}{\Delta x}$$

$$= y_u' \cdot u_x'$$

由复合函数求导公式，可得 $y = e^{2x}$ 的导数为

$$y_x' = y_u' \cdot u_x' = (e^u)_u' (2x)_x'$$

$$= e^u \cdot 2 = 2e^{2x}$$

复合函数的微分公式为

$$dy = y_x' dx = y_u' \cdot u_x' dx (= y'du) \tag{2-17}$$

注意到当 $u$ 是自变量时，函数 $y = f(u)$ 的微分 $dy$ 也是式（2 − 17）的形式．因此，不管 $u$ 是自变量还是因变量，式（2 − 17）的右端总表示函数 $y$ 的微分 $dy$，这一性质称为微分形式不变性．在后面学习一元函数积分学时将会用到这个性质．

**例 2.16**　求函数 $y = \sin^2 x$ 的导数．

**解**　令 $y = u^2$，$u = \sin x$，由式（2 − 15）得到

$$
\begin{aligned}
y'_x &= y'_u \cdot u'_x = (u^2)'_u (\sin x)'_x \\
&= 2u \cdot \cos x \\
&= 2\sin x \cdot \cos x = \sin 2x
\end{aligned}
$$

**例 2.17**　求函数 $y = \ln\cos x$ 的导数．

**解**　令 $y = \ln u$，$u = \cos x$，由式（2 − 15）得到

$$
\begin{aligned}
y'_x &= y'_u \cdot u'_x = (\ln u)'_u (\cos x)'_x \\
&= \frac{1}{u} \cdot (-\sin x) \\
&= -\tan x
\end{aligned}
$$

**例 2.18**　求函数 $y = \sqrt{3 - 4x^2}$ 的微分．

**解**　令 $y = \sqrt{u}$，$u = 3 - 4x^2$，由式（2 − 15）得到

$$
\begin{aligned}
y'_x &= y'_u \cdot u'_x = (u^{\frac{1}{2}})'_u (3 - 4x^2)'_x \\
&= \frac{1}{2} u^{-\frac{1}{2}} \cdot (-8x) \\
&= -\frac{4x}{\sqrt{3 - 4x^2}}
\end{aligned}
$$

再由式（2 − 17）得到

$$
dy = -\frac{4x}{\sqrt{3 - 4x^2}} dx
$$

计算比较熟练之后，在计算复合函数的导数时，可以不必写出中间变量 $u$，只要在心中清楚每一步是在对谁求导即可．例如，前面的几个例子也可以采用下面的方式直接计算：

$$
\begin{aligned}
(\sin^2 x)' &= 2\sin x (\sin x)' \\
&= 2\sin x \cdot \cos x = \sin 2x \\
(\ln\cos x)' &= \frac{1}{\cos x} (\cos x)' \\
&= \frac{1}{\cos x} \cdot (-\sin x) = -\tan x \\
(\sqrt{3 - 4x^2})' &= \frac{1}{2} (3 - 4x^2)^{-\frac{1}{2}} \cdot (3 - 4x^2)'
\end{aligned}
$$

$$= \frac{1}{2}(3 - 4x^2)^{-\frac{1}{2}} \cdot (-8x)$$

$$= -\frac{4x}{\sqrt{3 - 4x^2}}$$

复合函数的求导法则可以推广到有限次复合的情形. 设 $y = f(u)$，$u = g(v)$，$v = h(x)$，则有

$$y' = f'(u) \cdot g'(v) \cdot h'(x) \tag{2-18}$$

或

$$y' = y'_u \cdot u'_v \cdot v'_x$$

**例 2.19**　求函数 $y = \mathrm{e}^{\tan\frac{1}{x}}$ 的导数.

**解**
$$y' = \mathrm{e}^{\tan\frac{1}{x}}\left(\tan\frac{1}{x}\right)' = \mathrm{e}^{\tan\frac{1}{x}}\left(\frac{1}{\cos^2\frac{1}{x}}\right)\left(\frac{1}{x}\right)'$$

$$= \mathrm{e}^{\tan\frac{1}{x}}\left(\frac{1}{\cos^2\frac{1}{x}}\right)\left(-\frac{1}{x^2}\right)$$

$$= -\frac{\mathrm{e}^{\tan\frac{1}{x}}}{x^2}\left(\sec^2\frac{1}{x}\right)$$

**例 2.20**　求函数 $y = \ln\sqrt{\dfrac{1 - \sin x}{1 + \sin x}}$ 的导数.

**解**　由对数函数的性质，有

$$y = \ln\sqrt{\frac{1 - \sin x}{1 + \sin x}} = \frac{1}{2}\left[\ln(1 - \sin x) - \ln(1 + \sin x)\right]$$

于是

$$y' = \frac{1}{2}\left[\frac{1}{1 - \sin x}(-\cos x) - \frac{1}{1 + \sin x} \cdot \cos x\right]$$

$$= \frac{1}{2}\cos x\left(\frac{-2}{1 - \sin^2 x}\right)$$

$$= -\frac{1}{\cos x}$$

**例 2.21**　证明导数公式

$$(x^\alpha)' = \alpha x^{\alpha-1}, \quad \alpha \text{ 为任意实数}$$

**证**　记 $y = x^\alpha = \mathrm{e}^{\alpha\ln x}$，则

$$y' = \mathrm{e}^{\alpha\ln x}(\alpha\ln x)'$$

$$= \mathrm{e}^{\alpha\ln x} \cdot \frac{\alpha}{x}$$

$$= \alpha x^{\alpha-1}$$

### 2.2.3　隐函数求导举例

用解析法表示函数时，通常可以采用两种形式：一种是把函数 $y$ 直接表示成自变量 $x$ 的函数 $y = f(x)$，称为显函数；另一种是函数 $y$ 与自变量 $x$ 之间的关系由方程 $F(x, y) = 0$ 来确定，即 $y$ 与 $x$ 的函数关系隐含在方程中，称这种由未解出因变量的方程 $F(x, y) = 0$ 所确定的 $y$ 与 $x$ 的函数关系为隐函数. 例如，

$$x^2 + y^2 = a^2$$

$$\sin(x + y) = y e^y + 1$$

有些隐函数是可以化为显函数的，但是更多的则不能. 那么，对于隐函数，如何求其导数呢？注意到将方程 $F(x, y) = 0$ 所确定的函数 $y = f(x)$ 代入方程后，方程成为恒等式 $F(x, f(x)) = 0$. 利用复合函数的求导法则，恒等式两边对自变量 $x$ 求导，这时把 $y$ 看作中间变量，即可解出 $y'_x$.

下面举例说明.

**例 2.22**　求由方程 $x^2 + y^2 = a^2$ 所确定的隐函数 $y = y(x)$ 的导数 $y'_x$.

**解**　因方程中 $y$ 是 $x$ 的函数，故方程两边同时对自变量 $x$ 求导，由导数的四则运算法则和复合函数求导法则，有

$$(x^2)'_x + (y^2)'_x = (a^2)'_x$$

$$2x + 2y \cdot y'_x = 0$$

解出 $y'_x$ 得

$$y'_x = -\frac{x}{y}$$

在例 2.22 中，也可以从方程 $x^2 + y^2 = a^2$ 中解出 $y$，将其化为显函数的形式再求导数，但是这里的解法要比先解出 $y$ 再求导数简单得多.

**例 2.23**　求由方程 $y e^x + e^y = x^2$ 所确定的隐函数 $y = y(x)$ 的导数 $y'_x$.

**解**　方程两边同时对 $x$ 求导，有

$$(y e^x)'_x + (e^y)'_x = (x^2)'_x$$

$$(y'_x e^x + y e^x) + e^y \cdot y'_x = 2x$$

解出 $y'_x$ 得

$$y'_x = \frac{2x - y e^x}{e^x + e^y}$$

**例 2.24**　求曲线 $xy + \ln y = 1$ 在点 $M(1, 1)$ 处的切线方程.

**解**　先求出由方程 $xy + \ln y = 1$ 所确定的隐函数 $y = y(x)$ 的导数. 方程两边同时对 $x$ 求导，有

$$(xy)'_x + (\ln y)'_x = (1)'_x$$

$$y + xy'_x + \frac{1}{y} \cdot y'_x = 0$$

解出 $y'_x$ 得

$$y'_x = \frac{-y}{x + \frac{1}{y}} = -\frac{y^2}{xy + 1}$$

在点 $M(1, 1)$ 处，

$$y' \Big|_{\substack{x=1 \\ y=1}} = -\frac{1}{2}$$

于是在点 $M(1, 1)$ 处的切线方程为

$$y - 1 = -\frac{1}{2}(x - 1)$$

即

$$x + 2y - 3 = 0$$

### 2.2.4　初等函数求导数问题

初等函数是一类范围非常广泛的函数，它是由基本初等函数经过有限次的四则运算和复合运算，且用一个式子表示的函数．因此，掌握了基本初等函数的导数公式及导数运算法则，就可以求出初等函数的导数了．为了便于记忆和使用，在此将导数基本公式和导数运算法则汇总如下：

**1. 导数基本公式**

（1）$(C)' = 0$（$C$ 为常数）.

（2）$(x^\alpha)' = \alpha x^{\alpha-1}$（$\alpha$ 为任意实数）.

（3）$(a^x)' = a^x \ln a$（$a > 0, a \neq 1$）.

（4）$(e^x)' = e^x$.

（5）$(\ln x)' = \frac{1}{x}$.

（6）$(\log_a x)' = \frac{1}{x} \log_a e = \frac{1}{x \ln a}$（$a > 0, a \neq 1$）.

（7）$(\sin x)' = \cos x$.

（8）$(\cos x)' = -\sin x$.

（9）$(\tan x)' = \frac{1}{\cos^2 x}$.

（10）$(\cot x)' = -\frac{1}{\sin^2 x}$.

**2. 导数运算法则**

（1）导数的四则运算法则．设 $u(x)$，$v(x)$ 在点 $x$ 处可导，则

$$[u(x) \pm v(x)]' = u'(x) \pm v'(x)$$

$$[u(x) \cdot v(x)]' = u'(x)v(x) + u(x)v'(x)$$

$$\left[\frac{u(x)}{v(x)}\right]' = \frac{u'(x)v(x) - u(x)v'(x)}{v^2(x)}, \quad v(x) \neq 0$$

（2）复合函数求导法则．设 $y = f(u)$，$u = g(x)$ 都可导，则复合函数 $y = f(g(x))$ 也可导，且

$$y'_x = f'(u) \cdot g'(x)$$

或

$$y'_x = y'_u \cdot u'_x$$

**例 2.25** 求 $y = \sin\dfrac{x}{1+x}$ 的导数．

**解**
$$y' = \cos\frac{x}{1+x} \cdot \left(\frac{x}{1+x}\right)'$$

$$= \cos\frac{x}{1+x} \cdot \frac{1+x-x}{(1+x)^2} = \frac{1}{(1+x)^2}\cos\frac{x}{1+x}$$

**例 2.26** 求 $y = \ln(x + \sqrt{x^2-1})$ 的微分．

**解**
$$y' = \frac{1}{x + \sqrt{x^2-1}}(x + \sqrt{x^2-1})'$$

$$= \frac{1}{x + \sqrt{x^2-1}}\left[1 + \frac{1}{2\sqrt{x^2-1}}(x^2-1)'\right]$$

$$= \frac{1}{x + \sqrt{x^2-1}}\left(1 + \frac{2x}{2\sqrt{x^2-1}}\right)$$

$$= \frac{1}{\sqrt{x^2-1}}$$

$$\mathrm{d}y = y'\mathrm{d}x = \frac{1}{\sqrt{x^2-1}}\mathrm{d}x$$

**例 2.27** 求由方程 $ye^x + \cos(x+y) = 0$ 所确定的隐函数 $y = y(x)$ 的导数 $y'$．

**解** 方程两边同时对 $x$ 求导，有

$$(ye^x)' + [\cos(x+y)]' = (0)'$$

$$(y'e^x + ye^x) - \sin(x+y)(1+y') = 0$$

解出 $y'$ 得

$$y' = \frac{\sin(x+y) - ye^x}{e^x - \sin(x+y)}$$

**本节关键词** 导数基本公式 导数的四则运算法则 复合函数求导法则 隐函数求导数

**练习 2. 2**

1. 求下列函数的导数或微分：

(1) $y = x^2 + 2^x + \log_2 x$ ，求 $y'$ ；

(2) $y = \dfrac{(x-1)^2}{\sqrt{x}}$ ，求 $y'$ ；

(3) $y = \left(1 + \dfrac{1}{\sqrt{x}}\right)(1 - \sqrt{x})$ ，求 $\mathrm{d}y$ ；

(4) $y = \dfrac{ax+b}{cx+d}$ ，求 $y'$ ；

(5) $y = \dfrac{6}{x} + \dfrac{4}{x^2} + \dfrac{3}{x^3}$ ，求 $y'$ ；

(6) $y = x\sqrt{x} + \mathrm{e}^x \sin x$ ，求 $\mathrm{d}y$ .

2. 求下列函数的导数或微分：

(1) $y = \dfrac{1}{\sqrt{2-3x}}$ ，求 $y'$ ；

(2) $y = \ln\sqrt{\dfrac{3x^2+2}{2x^2+1}}$ ，求 $\mathrm{d}y$ ；

(3) $y = \mathrm{e}^{ax}\sin bx$ ，求 $\mathrm{d}y$ ；

(4) $y = \mathrm{e}^{\frac{1}{x}} - \sqrt{\ln x}$ ，求 $y'$ ；

(5) $y = \ln\tan\dfrac{x}{2}$ ，求 $y'$ ；

(6) $y = (2x-1)\sqrt{1-x^2}$ ，求 $\mathrm{d}y$ .

3. 求下列方程所确定的隐函数 $y = y(x)$ 的导数或微分：

(1) $x\mathrm{e}^y + 2x + y^2 = 5$ ，求 $y'$ ；

(2) $\mathrm{e}^{xy} + y\ln x = \cos 2x$ ，求 $y'$ ；

(3) $x^2 + y^2 + xy = \ln y$ ，求 $y'$ ；

(4) $xy - \mathrm{e}^x + \mathrm{e}^y = 1$ ，求 $\mathrm{d}y$ .

## 2.3  高阶导数

在某些问题中，多次求函数的导数是有意义的．连续两次或两次以上对某个函数求导数，所得的结果称为这个函数的**高阶导数**．

如果函数 $f(x)$ 的导函数可以对 $x$ 再求导，则称一阶导数的导数为二阶导数．函数 $f(x)$ 的二阶导数记为

$$y'', \quad f''(x), \quad \frac{\mathrm{d}^2 y}{\mathrm{d} x^2}, \quad \frac{\mathrm{d}^2 f(x)}{\mathrm{d} x^2}$$

且有 $y'' = (y')'$．

类似地，可以定义三阶、四阶、……、$n$ 阶导数．函数 $f(x)$ 的三阶导数记为

$$y''', \quad f'''(x), \quad \frac{\mathrm{d}^3 y}{\mathrm{d} x^3}, \quad \frac{\mathrm{d}^3 f(x)}{\mathrm{d} x^3}$$

四阶导数记为

$$y^{(4)}, \quad f^{(4)}(x), \quad \frac{\mathrm{d}^4 y}{\mathrm{d} x^4}, \quad \frac{\mathrm{d}^4 f(x)}{\mathrm{d} x^4}$$

$n$ 阶导数记为

$$y^{(n)}, \quad f^{(n)}(x), \quad \frac{\mathrm{d}^n y}{\mathrm{d} x^n}, \quad \frac{\mathrm{d}^n f(x)}{\mathrm{d} x^n}$$

且有 $y^{(n)} = \left[ y^{(n-1)} \right]'$．

如果函数 $f(x)$ 在点 $x$ 处具有 $n$ 阶导数，则称 $f(x)$ 在点 $x$ 处 $n$ 阶可导．二阶及二阶以上的各阶导数统称为高阶导数，且四阶及四阶以上的各阶导数记作

$$y^{(k)}, \quad k \geqslant 4$$

函数 $f(x)$ 在点 $x_0$ 处的各阶导数是其各阶导函数在点 $x_0$ 处的函数值，即

$$f'(x_0), f''(x_0), f'''(x_0), f^{(4)}(x_0), \cdots, f^{(n)}(x_0)$$

由高阶导数的定义可知，求函数的高阶导数就是利用导数基本公式和导数运算法则对函数一次次地求导．

**例 2.28**　设 $y = x^2 + 3x - 1$，求 $y''$，$y'''$．

**解**
$$y' = 2x + 3$$
$$y'' = 2$$
$$y''' = 0$$

例 2.28 中二次函数的三阶及三阶以上的各阶导数均为 0．作为练习，读者可以证明：$n$ 次多项式的 $n + 1$ 阶导数必为 0．

**例 2.29**　设 $y = \ln(1 + x)$，求 $y''$．

**解**
$$y' = \frac{1}{1 + x}$$
$$y'' = \left( \frac{1}{1 + x} \right)' = - \frac{1}{(1 + x)^2}$$

**例 2.30**　设 $y = x\cos x$，求 $y''$．

**解**
$$y' = \cos x - x\sin x$$
$$y'' = -\sin x - \sin x - x\cos x$$

$$= -2\sin x - x\cos x$$

**例 2.31** 求 $y = e^{ax}$ 的二阶、三阶及 $n$ 阶导数.

**解**

$$y' = ae^{ax}$$
$$y'' = a^2 e^{ax}$$
$$y''' = a^3 e^{ax}$$
$$\cdots$$
$$y^{(n)} = a^n e^{ax}$$

**本节关键词** 高阶导数

## 练习 2.3

1. 求下列函数的二阶导数：

(1) $y = x^2 + 5x + 6$ ；

(2) $y = \sqrt{x}\ln x$ ；

(3) $y = \ln\cos x$ ；

(4) $y = \sqrt{4 - x^2}$ .

2. 求下列函数在指定点处的高阶导数值：

(1) $y = x^2\ln x$ ，求 $y'''(2)$ ；

(2) $y = e^{-2x}$ ，求 $y''\left(\dfrac{1}{2}\right)$ ；

(3) $y = \dfrac{1 - x}{\sqrt{x}}$ ，求 $y''(1)$ .

3. 求函数 $y = 5^x$ 的 $n$ 阶导数.

# 本章小结

本章主要介绍导数和微分的概念及求法.

1. 导数的概念

导数是微积分学中的一个重要的基本概念，它是用极限来描述的，或者说，它是一个特殊的极限，即设函数 $y = f(x)$，则在给定点 $x$ 处的导数为

$$f'(x) = \lim_{\Delta x \to 0} \frac{\Delta y}{\Delta x} = \lim_{\Delta x \to 0} \frac{f(x + \Delta x) - f(x)}{\Delta x}$$

导数的几何意义：$f'(x_0)$ 表示曲线 $y = f(x)$ 在点 $(x_0, f(x_0))$ 处切线的斜率，而曲线在点 $(x_0, f(x_0))$ 处的切线方程为

$$y - f(x_0) = f'(x_0)(x - x_0)$$

当 $x$ 变化时，导数 $f'(x)$ 也随之变化，因此，$f'(x)$ 是 $x$ 的函数，称为导函数. $f'(x)$ 的

导数 $f''(x)$ 称为 $f(x)$ 的二阶导数. 一阶导数的物理解释是变速直线运动的速度，二阶导数的物理解释是变速直线运动的加速度.

可导与连续之间的关系：函数 $f(x)$ 在点 $x$ 处可导，则一定在点 $x$ 处连续；反之，函数 $f(x)$ 在点 $x$ 处连续，不一定在点 $x$ 处可导.

**2. 微分的概念**

函数 $f(x)$ 在点 $x$ 处关于自变量改变量 $\Delta x$ 的微分 $\mathrm{d}y$ 定义为

$$\mathrm{d}y = f'(x)\Delta x = f'(x)\mathrm{d}x$$

由定义可知，函数可导和可微在存在性上是等价的.

**3. 导数与微分的计算**

本章最主要的计算是运用导数基本公式和导数运算法则求初等函数的导数. 高阶导数的基础是一阶导数；函数的微分是函数的导数乘以自变量的微分.

（1）初等函数求导数. 在牢记导数基本公式和求导法则的基础上，熟练掌握初等函数微分法，特别是复合函数求导法则.

（2）隐函数求导数. 求由方程 $F(x, y) = 0$ 确定的隐函数 $y = y(x)$ 的导数的方法是，利用复合函数求导法，即方程两边同时对自变量 $x$ 求导，注意到其中 $y$ 为中间变量，然后解方程求出 $y'$.

# 习 题 2

1. 求下列函数的导数：

（1）$y = x^2(1 + \sqrt{x})$；

（2）$y = \dfrac{x - 1}{\sqrt{x^3}}$；

（3）$y = \sin^2 x + \cos 2x$；

（4）$y = \ln(\ln x)$；

（5）$y = 2^{\cos\sqrt{x}} + \ln\sqrt{2x - 1}$；

（6）$y = (x^2 + 1)\mathrm{e}^{-x}$.

2. 求下列函数的微分：

（1）$y = \log_5\sqrt{x}$；

（2）$y = \dfrac{1}{1 + \sqrt{x}} + \dfrac{1}{1 - \sqrt{x}}$；

（3）$y = \ln\tan\dfrac{x}{2}$；

（4）$y = x^2 \cdot \sin\dfrac{1}{x}$.

3. 求下列方程所确定的隐函数的导数或微分：

（1）$x^3 + y^3 - 3x^2 y = \cos 2x$，求 $y'$；

（2）$\mathrm{e}^{x+y} + y^2 = \sin 3x$，求 $\mathrm{d}y$；

（3）$\mathrm{e}^x - \mathrm{e}^y = \sin(xy)$，求 $y'(0)$；

（4）$\mathrm{e}^{x+y} - x\ln y = 1$，求 $\mathrm{d}y$.

4. 求曲线 $y = (x - 2)\ln(x + 1)$ 在 $x = 0$ 处的切线方程.

5. 在曲线 $y = \dfrac{1}{1 + x^2}$ 上求一点，使该点的切线平行于 $x$ 轴 .

6. 求下列函数的二阶导数：

（1）$y = x\ln(x^2 - 1)$ ；

（2）$y = x^2 e^{-x}$ .

7. 设 $f(x)$ 是可导的奇函数，试证明 $f'(x)$ 为偶函数 .

# 学 习 指 导

## 一、疑难解析

### （一）关于导数的概念

函数的导数是两个增量之比的极限，即

$$f'(x) = \lim_{\Delta x \to 0} \frac{\Delta y}{\Delta x} = \lim_{\Delta x \to 0} \frac{f(x + \Delta x) - f(x)}{\Delta x}$$

其中 $\dfrac{\Delta y}{\Delta x}$ 称为函数的平均变化率，$\lim\limits_{\Delta x \to 0} \dfrac{\Delta y}{\Delta x}$ 称为变化率 . 若 $\lim\limits_{\Delta x \to 0} \dfrac{\Delta y}{\Delta x}$ 存在，则可导；否则，不可导 .

导数是由极限定义的，故有左导数和右导数 . $f(x)$ 在点 $x_0$ 处可导，则必有函数 $f(x)$ 在点 $x_0$ 处的左、右导数都存在且相等 .

### （二）导数、微分和连续的关系

由微分的定义 $dy = f'(x)dx$ 可知，如下结论成立：

（1）函数的可导与可微是等价的，即函数可导一定可微；反之，可微一定可导 .

（2）计算函数 $f(x)$ 的微分 $dy$ ，只要计算出函数的导数 $f'(x)$ 再乘以自变量的微分 $dx$ 即可 . 因此，可以将微分的计算与导数的计算归为同一类运算 .

（3）由定理 2.1 知，连续是可导的必要条件，那么函数可微也一定连续；反之不成立，即连续函数不一定是可导或可微函数 .

### （三）关于导数的计算

掌握导数的计算，首先要熟记导数基本公式和导数运算法则 . 本书中所学习的导数运算法则和方法如下：

（1）导数的四则运算法则 .

（2）复合函数求导法则 .

对于上述法则和方法，在使用时要注意其成立的条件 .

在导数的四则运算法则中，应该注意乘法法则和除法法则，注意它们的构成形式及解题

的技巧. 例如, $y = \dfrac{1-x}{\sqrt{x}}$, 求 $y''\Big|_{x=1}$. 这是一个分式求二阶导数的问题, 形式上应该用导数的除法法则求解, 但是, 如果将函数变形为 $y = x^{-\frac{1}{2}} - x^{\frac{1}{2}}$ 再求导数, 就应该用导数的代数和的求导法则了. 假如我们掌握了一些解题的技巧, 就会使运算变得简单, 还会减少错误.

复合函数求导数是学习的重点, 也是难点, 它的困难之处在于对函数复合过程的分解. 由复合函数求导法则知, 复合函数 $y = f(u)$, $u = g(x)$ 的导数为

$$y'_x = f'(u)g'(x)$$

在求导时, 将 $y = f[g(x)]$ 分解为 $y = f(u)$, $u = g(x)$ (其中 $u$ 为中间变量), 然后分别对中间变量和自变量求导再相乘. 那么如何进行分解就是解题的关键. 一般来说, 所设的中间变量应是基本初等函数或基本初等函数的四则运算, 这样就会对于 $y = f(u)$, $u = g(x)$ 都有导数公式或法则可求导. 如果分解后找不到可以求导的法则, 则说明分解有误. 例如, 函数 $y = \sin^2 \sqrt{x}$, 其分解为 $y = u^2$, $u = \sin v$, $v = \sqrt{x}$. 于是分别求导为 $y'_u = 2u$, $u'_v = \cos v$, $v'_x = \dfrac{1}{2\sqrt{x}}$, 相乘得到 $y'_x = 2\sin\sqrt{x} \cdot \cos\sqrt{x} \cdot \dfrac{1}{2\sqrt{x}} = \dfrac{1}{2\sqrt{x}} \cdot \sin 2\sqrt{x}$. 有一种错误的分解是 $y = \sin^2 u, u = \sqrt{x}$, 这样在求导时会发现没有导数公式可以用来求 $y'_u$.

隐函数的特点是变量 $y$ 与 $x$ 的函数关系隐藏在方程中. 例如, $y = 1 + x\sin y$, 其中 $\sin y$ 不仅是 $y$ 的函数, 还是 $x$ 的复合函数, 所以对于 $\sin y$ 求导时, 应该用复合函数求导法则, 先对 $y$ 的函数 $\sin y$ 求导得 $\cos y$, 再乘以 $y$ 对 $x$ 的导数 $y'$. 由于 $y$ 对 $x$ 的函数关系不能直接写出, 故只能将 $y$ 对 $x$ 的导数写为 $y'$.

一般来说, 隐函数求导分为以下两步:

(1) 方程两边同时对自变量 $x$ 求导, 视 $y$ 为中间变量, 求导后得到一个关于 $y'$ 的一次方程.

(2) 解方程, 求出 $y$ 对 $x$ 的导数 $y'$.

总之, 导数公式与求导法则是要靠练习来熟悉和理解的, 我们应该通过练习来掌握方法并从中获得技巧.

## 二、典型例题

**例 1**　求下列函数的导数或微分:

(1) 设 $y = x^3 + 3^x + \log_3 x - \sqrt[3]{3}$, 求 $y'$;

(2) 设 $y = \dfrac{x-2}{\sqrt[3]{x^2}}$, 求 $\mathrm{d}y$;

(3) 设 $y = \dfrac{\sin x}{1 + \cos x}$, 求 $y'\left(\dfrac{\pi}{3}\right)$.

**分析** 这三个函数都是由基本初等函数经过四则运算得到的初等函数，求导或求微分时，需要用到导数基本公式和导数四则运算法则．对于（1），先用导数的代数和求导法则，再用导数基本公式．对于（2），可以先用导数的除法法则，再用基本公式；但注意到（2）中函数的特点，先将函数进行整理，$y = \dfrac{x-2}{\sqrt[3]{x^2}} = x^{\frac{1}{3}} - 2x^{-\frac{2}{3}}$，然后可用导数的代数和求导法则求导，得到函数的导数后再乘以 $\mathrm{d}x$，即可得到函数的微分．对于（3），先用导数的除法法则，再用导数基本公式．

**解** （1）
$$\begin{aligned}
y' &= (x^3 + 3^x + \log_3 x - \sqrt[3]{3})' \\
&= (x^3)' + (3^x)' + (\log_3 x)' - (\sqrt[3]{3})' \\
&= 3x^2 + 3^x \ln 3 + \frac{1}{x \ln 3} - 0 \\
&= 3x^2 + 3^x \ln 3 + \frac{1}{x \ln 3}
\end{aligned}$$

（2）因为
$$y = \frac{x-2}{\sqrt[3]{x^2}} = x^{\frac{1}{3}} - 2x^{-\frac{2}{3}}$$

所以
$$y' = (x^{\frac{1}{3}})' - 2(x^{-\frac{2}{3}})' = \frac{1}{3}x^{-\frac{2}{3}} + \frac{4}{3}x^{-\frac{5}{3}}$$

于是
$$\mathrm{d}y = y'\mathrm{d}x = \left( \frac{1}{3\sqrt[3]{x^2}} + \frac{4}{3\sqrt[3]{x^5}} \right)\mathrm{d}x$$

（3）因为
$$\begin{aligned}
y' &= \frac{(\sin x)'(1 + \cos x) - \sin x(1 + \cos x)'}{(1 + \cos x)^2} \\
&= \frac{\cos x(1 + \cos x) - \sin x(-\sin x)}{(1 + \cos x)^2} = \frac{\cos x + \cos^2 x + \sin^2 x}{(1 + \cos x)^2} \\
&= \frac{1}{1 + \cos x}
\end{aligned}$$

所以
$$y'\left( \frac{\pi}{3} \right) = \frac{1}{1 + \cos x}\bigg|_{x = \frac{\pi}{3}} = \frac{1}{1 + \frac{1}{2}} = \frac{2}{3}$$

在运用导数的四则运算法则时，应注意以下几点：

第一，在求导数或求微分运算中，一般先用法则，再用基本公式．

第二，将根式 $\sqrt[q]{x^p}$ 写成幂次 $x^{\frac{p}{q}}$ 的形式，以便于使用公式且减少出错．

第三，解题时，应先观察函数，看看能否对函数进行变形或化简，在运算中应尽可能地避免使用导数的除法法则．例如，例 1 中的第（2）小题，将 $y = \dfrac{x-2}{\sqrt[3]{x^2}}$ 变形为 $y = x^{\frac{1}{3}} - 2x^{-\frac{2}{3}}$ 后再求导数，这种解法比直接用除法法则求解要简便，而且不易出错．

第四，导数的乘法和除法法则与极限相应的法则不同，运算也相对复杂得多，计算时要细心．

**例 2**　求下列函数的导数或微分：

（1）设 $y = e^{\sin\frac{1}{x}}$，求 $dy$；

（2）设 $y = \ln(x + \sqrt{x^2+1})$，求 $y'(\sqrt{3})$；

（3）设 $y = \left(\dfrac{x}{x^2+1}\right)^{10}$，求 $y'$．

**分析**　采用复合函数求导法则，所设的中间变量应是基本初等函数或基本初等函数的四则运算．求导时，依照函数的复合层次由最外层起，向内一层层地对中间变量求导，直至对自变量求导．

**解**　（1）设 $y = e^u$，$u = \sin v$，$v = \dfrac{1}{x}$，利用复合函数求导法则，有

$$y' = (e^u)'_u (\sin v)'_v \left(\frac{1}{x}\right)'_x = e^u \cos v \left(-\frac{1}{x^2}\right)$$

代回还原得

$$y' = e^{\sin\frac{1}{x}} \cos\frac{1}{x}\left(-\frac{1}{x^2}\right)$$

$$dy = y' dx = -\frac{1}{x^2} e^{\sin\frac{1}{x}} \cos\frac{1}{x} dx$$

在基本掌握复合函数求导法则后，也可以不写出中间变量．解法如下：

$$y' = e^{\sin\frac{1}{x}}\left(\sin\frac{1}{x}\right)' = e^{\sin\frac{1}{x}} \cos\frac{1}{x}\left(\frac{1}{x}\right)'$$

$$= e^{\sin\frac{1}{x}} \cos\frac{1}{x}\left(-\frac{1}{x^2}\right)$$

$$dy = y' dx = -\frac{1}{x^2} e^{\sin\frac{1}{x}} \cos\frac{1}{x} dx$$

（2）设 $y = \ln u$，$u = x + \sqrt{v}$，$v = x^2 + 1$，利用复合函数求导法则，有

$$y' = (\ln u)'_u [(x)'_x + (\sqrt{v})'_v (v)'_x]$$

$$= \frac{1}{u}\left(1 + \frac{1}{2\sqrt{v}} 2x\right)$$

代回还原得

$$y' = \frac{1}{x + \sqrt{x^2 + 1}}\left(1 + \frac{x}{\sqrt{x^2 + 1}}\right)$$

$$= \frac{1}{\sqrt{x^2 + 1}}$$

$$y'(\sqrt{3}) = \frac{1}{\sqrt{3 + 1}} = \frac{1}{2}$$

另外，还可按如下解法：

$$y' = \frac{1}{x + \sqrt{x^2 + 1}}(x + \sqrt{x^2 + 1})'$$

$$= \frac{1}{x + \sqrt{x^2 + 1}}\left[1 + \frac{1}{2\sqrt{x^2 + 1}}(x^2 + 1)'\right]$$

$$= \frac{1}{x + \sqrt{x^2 + 1}}\left(1 + \frac{2x}{2\sqrt{x^2 + 1}}\right)$$

$$= \frac{1}{\sqrt{x^2 + 1}}$$

$$y'(\sqrt{3}) = \frac{1}{\sqrt{3 + 1}} = \frac{1}{2}$$

（3）设 $y = u^{10}$，$u = \dfrac{x}{v}$，$v = x^2 + 1$，利用复合函数求导法则和导数的四则运算法则，有

$$y' = (u^{10})'_u\left(\frac{x}{v}\right)'_x = (u^{10})'_u\left(\frac{x'v - xv'_x}{v^2}\right) = 10u^9\frac{v - x \cdot 2x}{v^2}$$

代回还原得

$$y' = 10\left(\frac{x}{x^2 + 1}\right)^9 \cdot \frac{x^2 + 1 - 2x^2}{(x^2 + 1)^2} = \frac{10x^9(1 - x^2)}{(x^2 + 1)^{11}}$$

另外，还可按如下解法：

$$y' = 10\left(\frac{x}{x^2 + 1}\right)^9\left(\frac{x}{x^2 + 1}\right)' = 10\left(\frac{x}{x^2 + 1}\right)^9\frac{x^2 + 1 - x \cdot 2x}{(x^2 + 1)^2}$$

$$= 10\left(\frac{x}{x^2 + 1}\right)^9 \cdot \frac{x^2 + 1 - 2x^2}{(x^2 + 1)^2} = \frac{10x^9(1 - x^2)}{(x^2 + 1)^{11}}$$

**例 3** 求下列方程所确定的隐函数 $y = y(x)$ 的导数或微分：

（1）$x^2 + y^2 + xy = 0$，求 $\mathrm{d}y$；

（2）$\mathrm{e}^{xy} + y\ln x = \cos 2x$，求 $y'$.

**分析** 隐函数的特点是，因变量 $y$ 与自变量 $x$ 的对应关系隐藏在方程中．因此，在求导数时，不要忘记 $y$ 是 $x$ 的函数，对 $y$ 的函数求导后切记要乘以 $y$ 对 $x$ 的导数 $y'$.

按隐函数求导数的步骤求导.

**解**　(1)　[方法 1]　由导数得到微分. 方程两边同时对自变量 $x$ 求导，视 $y$ 为中间变量，有

$$2x + 2yy' + (y + xy') = 0$$

即

$$(x + 2y)y' = -(y + 2x)$$

整理方程，解出 $y'$，得到

$$y' = -\frac{y + 2x}{x + 2y}$$

$$dy = y'dx = -\frac{y + 2x}{x + 2y}dx$$

[方法 2]　方程两边同时对变量求微分，这时变量 $y$ 和 $x$ 的地位是相同的，即不再将 $y$ 看作 $x$ 的函数.

$$d(x^2 + y^2 + xy) = 0$$
$$2xdx + 2ydy + ydx + xdy = 0$$
$$(x + 2y)dy = -(y + 2x)dx$$
$$dy = -\frac{y + 2x}{x + 2y}dx$$

(2)　方程两边同时对自变量 $x$ 求导，视 $y$ 为中间变量，有

$$e^{xy}(y + xy') + y'\ln x + \frac{y}{x} = -2\sin 2x$$

于是

$$(xe^{xy} + \ln x)y' = -2\sin 2x - \frac{y}{x} - ye^{xy}$$

整理方程，解出 $y'$，得到

$$y' = -\frac{2\sin 2x + \dfrac{y}{x} + ye^{xy}}{xe^{xy} + \ln x} = -\frac{2x\sin 2x + y + xye^{xy}}{x^2 e^{xy} + x\ln x}$$

**例 4**　求曲线 $x^2 + xy - y^2 = 2x$ 在点 $M(2, 0)$ 处的切线方程.

**分析**　如果函数 $y = f(x)$ 可导，函数曲线在点 $x_0$ 处的切线方程为

$$y - y_0 = f'(x_0)(x - x_0)$$

因此，求曲线在某点处的切线方程，必须知道两点：一是曲线在点 $x_0$ 处的导数 $f'(x_0)$；二是切点 $(x_0, y_0)$.

在本题中，已知切点 $M(2, 0)$，只需对隐函数方程求导数，求出 $f'(x_0)$.

**解**　方程两边同时对 $x$ 求导，得到

$$2x + y + xy' - 2yy' = 2$$

解出 $y'$，得到

$$y' = \frac{2 - 2x - y}{x - 2y}$$

$$y' \Big|_{\substack{x=2 \\ y=0}} = -1$$

于是在点 $M(2,0)$ 处的切线方程为

$$y - 0 = -(x - 2)$$

即

$$y = -x + 2$$

注意：求曲线在某点处的切线方程是导数概念的一个重要应用. 一般地，在题目中只给出切线方程的两个要点中的一个，另一个需要根据已知条件求出. 另外，如果已知条件中只给了切点的横坐标 $x_0$，那么纵坐标 $y_0$ 可以通过 $y_0 = f(x_0)$ 得到.

**例 5**  求函数 $y = \sqrt{x}\ln x$ 的二阶导数.

**分析**  函数的二阶导数为函数一阶导数的导数（如果仍然可导）.

**解**  因为

$$y' = \frac{1}{2\sqrt{x}}\ln x + \sqrt{x} \cdot \frac{1}{x} = \frac{1}{\sqrt{x}}\left(\frac{1}{2}\ln x + 1\right)$$

所以

$$y'' = -\frac{1}{2}x^{-\frac{3}{2}}\left(\frac{1}{2}\ln x + 1\right) + \frac{1}{2\sqrt{x}} \cdot \frac{1}{x} = -\frac{1}{4x\sqrt{x}}\ln x$$

## 三、自测试题 （40 分钟内完成）

### （一）单项选择题

1. 设 $y = f(x)$ 是可微函数，则 $\mathrm{d}f(\cos 2x) = ($     $)$.

   A. $2f'(\cos 2x)\mathrm{d}x$                          B. $f'(\cos 2x)\sin 2x\mathrm{d}2x$

   C. $2f'(\cos 2x)\sin 2x\mathrm{d}x$                  D. $-f'(\cos 2x)\sin 2x\mathrm{d}2x$

2. 若 $f(x + 1) = x^2 + 2x + 4$，则 $f'(x) = ($     $)$.

   A. $2x + 2$               B. $2x$               C. $x^2 + 3$               D. $2$

3. 曲线 $y = \frac{1}{2}(x + \sin x)$ 在 $x = 0$ 处的切线方程为 $($     $)$.

   A. $y = x$                                          B. $y = -x$

   C. $y = x - 1$                                      D. $y = -x - 1$

4. 曲线 $y = x - \mathrm{e}^x$ 在点 $($     $)$ 处的切线平行于 $x$ 轴.

   A. $(1, 1)$                                         B. $(-1, 1)$

   C. $(0, -1)$                                        D. $(0, 1)$

5. 设 $f(x) = e^{\sqrt{x}}$，则 $\lim\limits_{\Delta x \to 0} \dfrac{f(1 + \Delta x) - f(1)}{\Delta x} = ($      $)$.

   A. $2e$                B. $e$                C. $\dfrac{1}{4}e$             D. $\dfrac{1}{2}e$

## （二）填空题

1. 已知 $f(x) = x^3 + 3^x$，则 $f'(3) = $ _____ .

2. 若函数 $f(x)$ 在 $x = 0$ 的邻域内有定义，且 $f(0) = 0$，$f'(0) = 1$，则 $\lim\limits_{x \to 0} \dfrac{f(x)}{x} = $

_____ .

3. 已知 $f(x) = x\sqrt{x} + \ln x$，则 $f''(x) = $ _____ .

4. 已知 $f(x) = \ln 2x$，则 $f'(2) = $ _____ .

5. 曲线 $f(x) = \dfrac{1}{\sqrt{x}}$ 在 $(1, 1)$ 处的切线斜率为_____ .

## （三）判断题

1. $\left[ \sin\left(\dfrac{\pi}{4}\right) \right]' = 0$.                                                    (     )

2. 已知 $f(x) = \sqrt{x} + \tan x$，则 $f'(x) = \dfrac{1}{2\sqrt{x}} + \dfrac{1}{\cos^2 x}$.          (     )

3. 函数 $f(x) = \sqrt{x}$ 在 $x = 1$ 处的切线方程为 $2y - x = 1$.          (     )

4. 若函数 $f(x)$ 在点 $x_0$ 处可导，则一定在点 $x_0$ 处连续.          (     )

5. 若函数 $f(x)$ 在点 $x_0$ 处不可导，则一定在点 $x_0$ 处不连续.        (     )

## （四）计算题

1. 设 $y = (1 + \cos x + 2x^2)^{10}$，求 $y'$.

2. 设 $y = x\sqrt{x} + \ln\cos x$，求 $dy$.

3. 设 $y = y(x)$ 是由方程 $x^2 - 3xy + y^2 + 1 = e^{xy}$ 确定的隐函数，求 $y'$.

# 第3章　导数的应用

## 导言

导数可以用来研究函数的性态，如判别函数的单调性和极值、确定一些实际问题的最大值或最小值等．本章将介绍这些内容．

## 学习目标

1. 掌握函数单调性的判别方法．
2. 了解极值的概念和极值存在的必要条件，掌握极值的判别方法．
3. 掌握求函数最大值和最小值的方法．
4. 知道导数在生产经营管理和日常生活中的一些应用．

## 3.1　函数的单调性

函数单调性的概念已在1.1节中给出．但是，直接用定义判别函数的单调性，通常是比较困难的，本节将介绍利用一阶导数判别函数单调性的方法，这种方法简便、有效．

从图3-1的函数图形可以看出，函数 $y = f(x)$ 的单调增减性在几何上表现为曲线沿 $x$ 轴正方向的上升或下降．

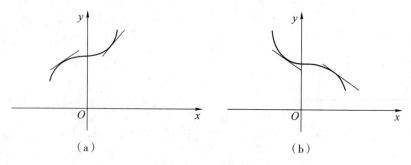

**图3-1　函数单调性**

(a) 单调增加函数；(b) 单调减少函数

由导数的几何意义可知，函数 $y = f(x)$ 的一阶导数 $f'(x)$ 是函数曲线的切线斜率. 当切线斜率为正时，切线上升，函数曲线随之上升，如图 3-1（a）所示；当切线斜率为负时，切线下降，函数曲线也随之下降，如图 3-1（b）所示. 这意味着函数的单调性与其导数的正负有密切的关系.

**定理 3.1** 设函数 $y = f(x)$ 在区间 $[a, b]$ 上连续，在区间 $(a, b)$ 内可导.

（1）如果 $x \in (a, b)$ 时，$f'(x) > 0$，则 $f(x)$ 在 $[a, b]$ 上单调增加；

（2）如果 $x \in (a, b)$ 时，$f'(x) < 0$，则 $f(x)$ 在 $[a, b]$ 上单调减少.

如果将定理 3.1 中的闭区间换成其他各种区间（包括无限区间），结论仍成立. 使定理 3.1 的结论成立的区间，就是函数 $y = f(x)$ 的**单调区间**.

**例 3.1** 求函数 $f(x) = x^2 - 2x + 2$ 的单调区间.

**解** 函数 $f(x) = x^2 - 2x + 2$ 的定义域为 $(-\infty, +\infty)$.

因为

$$f'(x) = 2x - 2 = 2(x - 1)$$

令

$$f'(x) = 2(x - 1) = 0$$

得到

$$x_0 = 1$$

以 $x_0 = 1$ 为分点，将函数的定义域分为两个子区间：

$$(-\infty, 1), \quad (1, +\infty)$$

当 $x \in (-\infty, 1)$ 时，$f'(x) < 0$；

当 $x \in (1, +\infty)$ 时，$f'(x) > 0$.

因此，函数 $f(x) = x^2 - 2x + 2$ 的单调减少区间为 $(-\infty, 1]$，单调增加区间为 $[1, +\infty)$，如图 3-2 所示.

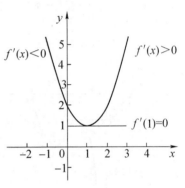

图 3-2 例 3.1 示意图

**例 3.2** 求函数 $f(x) = 2x^3 - 9x^2 + 12x - 6$ 的单调区间.

**解** 函数 $f(x) = 2x^3 - 9x^2 + 12x - 6$ 的定义域为 $(-\infty, +\infty)$. 因为

$$f'(x) = 6x^2 - 18x + 12$$
$$= 6(x - 1)(x - 2)$$

令

$$f'(x) = 6(x - 1)(x - 2) = 0$$

得到

$$x_1 = 1, \quad x_2 = 2$$

以点 $x_1 = 1$，$x_2 = 2$ 为分点，将函数的定义域分为三个子区间：

$$(-\infty, 1), \quad (1, 2), \quad (2, +\infty)$$

当 $x \in (-\infty, 1)$ 时，$f'(x) > 0$；

当 $x \in (1, 2)$ 时，$f'(x) < 0$；

当 $x \in (2, +\infty)$ 时, $f'(x) > 0$.

因此, $f(x) = 2x^3 - 9x^2 + 12x - 6$ 的单调增加区间为 $(-\infty, 1]$ 和 $[2, +\infty)$, 单调减少区间为 $[1, 2]$, 如图 3-3 所示.

**例 3.3** 求函数 $f(x) = \dfrac{x}{1+x}$ 的单调区间.

**解** 函数 $f(x) = \dfrac{x}{1+x}$ 的定义域为 $(-\infty, -1) \cup (-1, +\infty)$. 因为

$$f'(x) = \frac{1}{(1+x)^2} > 0, \quad x \neq -1$$

所以 $f(x) = \dfrac{x}{1+x}$ 在 $(-\infty, -1)$ 和 $(-1, +\infty)$ 内分别单调增加, 如图 3-4 所示.

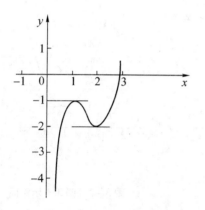

图 3-3 例 3.2 示意图

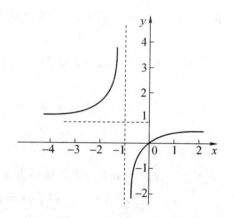

图 3-4 例 3.3 示意图

在应用定理 3.1 时, 条件可适当放宽. 也就是说, 如果在区间 $(a, b)$ 内 $f'(x) \geqslant 0$ [或 $f'(x) \leqslant 0$], 则函数 $f(x)$ 在区间 $[a, b]$ 上仍是单调增加 (或单调减少) 的. 若 $f'(x) = 0$ 在区间 $[a, b]$ 上处处成立, 则意味着函数 $f(x)$ 在 $[a, b]$ 上既单调增加又单调减少, 或者说, 既不增又不减, 即 $f(x)$ 在 $[a, b]$ 上恒为常数.

**例 3.4** 试证当 $x > 0$ 时, $\ln(1+x) > x - \dfrac{1}{2}x^2$.

**证** 只需证明当 $x > 0$ 时, 有

$$f(x) = \ln(1+x) - \left(x - \frac{1}{2}x^2\right) > 0$$

因为 $f(x)$ 在 $[0, +\infty)$ 上连续, 在 $(0, +\infty)$ 内可导, 且

$$f'(x) = \frac{1}{1+x} - 1 + x = \frac{x^2}{1+x}$$

当 $x > 0$ 时,

$$f'(x) = \frac{x^2}{1+x} > 0$$

所以当 $x > 0$ 时，$f(x)$ 是单调增加的，且由 $f(0) = 0$ 可知，当 $x > 0$ 时，$f(x) > 0$，故

$$\ln(1 + x) > x - \frac{1}{2}x^2$$

**本节关键词** 函数的单调性　单调区间

### 练习 3.1

1. 如果函数 $y = f(x)$ 的导数如下，问函数在什么区间内单调增加？

(1) $f'(x) = x(x - 2)$；

(2) $f'(x) = (x + 1)^2(x + 2)$；

(3) $f'(x) = x^3(2x - 1)$；

(4) $f'(x) = \dfrac{2}{(x + 1)^3}$.

2. 求下列函数的单调区间：

(1) $f(x) = x^3 - 3x^2$；

(2) $f(x) = x^2 - 5x + 6$；

(3) $f(x) = x^3 - 9x^2 + 27x - 27$；

(4) $f(x) = \dfrac{1}{x}$；

(5) $f(x) = x^4$；

(6) $f(x) = x^4 - 2x^2 + 1$；

(7) $f(x) = 2x^2 - \ln x$；

(8) $f(x) = x - e^x$.

3. 利用函数的单调性证明下列不等式：

(1) $3 - \dfrac{1}{x} < 2\sqrt{x}\ (x > 1)$；

(2) $\sin x < x\ \left(0 < x < \dfrac{\pi}{2}\right)$.

## 3.2　函数的极值

### 3.2.1　函数的极值及其求法

观察如图 3 – 3 所示的连续函数，当 $x$ 在点 $x_1 = 1$ 附近，从左侧向右侧移动时，曲线 $y = f(x)$ 先上升（函数值增加）后下降（函数值减小），点 $(1, f(1))$ 处在曲线的"峰顶". 也就是说，在以 $x_1 = 1$ 为中心的某邻域内的任意一点 $x(x \neq 1)$ 处，恒有 $f(x) < f(1)$. 同样，当 $x$ 在点 $x_2 = 2$ 附近，从左侧向右侧移动时，曲线 $y = f(x)$ 先下降（函数值减小）后上升（函数值增大），点 $(2, f(2))$ 处在曲线的"谷底". 也就是说，在以 $x_2 = 2$ 为中心的某邻域内的任意一点 $x(x \neq 2)$ 处，恒有 $f(x) > f(2)$.

**定义 3.1**　设函数 $f(x)$ 在点 $x_0$ 的某邻域内有定义. 如果对该邻域内的任意一点 $x(x \neq x_0)$，恒有 $f(x) \leqslant f(x_0)$，则称 $f(x_0)$ 为函数 $f(x)$ 的**极大值**，称 $x_0$ 为函数 $f(x)$ 的**极大值点**；如果对该邻域内的任意一点 $x(x \neq x_0)$，恒有 $f(x) \geqslant f(x_0)$，则称 $f(x_0)$ 为函数 $f(x)$ 的**极小值**，称

$x_0$ 为函数 $f(x)$ 的**极小值点**.

函数的极大值与极小值统称为函数的**极值**，极大值点与极小值点统称为**极值点**.

定义 3.1 表明，函数的极值是局部性概念，只是与极值点 $x_0$ 附近所有点的函数值相比较，$f(x_0)$ 是最大的或者最小的，但它并不一定是整个定义域上最大的或最小的函数值. 例如，如图 3-5 所示，函数在 $x_1$，$x_4$ 两点处取得极大值，而在 $x_2$，$x_5$ 两点处取得极小值，其中极大值 $f(x_1)$ 就小于极小值 $f(x_5)$.

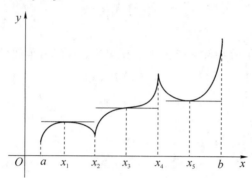

**图 3-5 极值示意图**

从图 3-5 中可以看到，在函数的极值点处，曲线或者有水平切线，如 $f'(x_1)=0$，$f'(x_5)=0$，或者切线不存在，如在点 $x_2$，$x_4$ 处. 但是，有水平切线的点不一定是极值点，如点 $x_3$. 由此可知，极值点应该在导数为 0 $[f'(x)=0]$ 和导数不存在的点中寻找.

**定理 3.2** 如果点 $x_0$ 是函数 $f(x)$ 的极值点，且 $f'(x_0)$ 存在，则

$$f'(x_0)=0$$

使 $f'(x)=0$ 的点称为函数 $f(x)$ 的**驻点**.

定理 3.2 通常称为可导函数极值存在的必要条件. 它说明，可导函数 $f'(x_0)=0$ 是点 $x_0$ 为极值点的必要条件，但不是充分条件. 也就是说，使 $f'(x_0)=0$ 成立的点（驻点）并不一定是极值点. 例如，$f(x)=x^3$，驻点 $x=0$ 不是它的极值点. 同理，使 $f'(x_0)$ 不存在的点 $x_0$ 可能是函数 $f(x)$ 的极值点，也可能不是极值点. 例如，$f(x)=|x|$ 和 $g(x)=x^{\frac{1}{3}}$ 在点 $x=0$ 处的情况.

由图 3-5 可知，函数的极值点应在它的驻点和导数不存在的点中寻找. 但是，驻点和导数不存在的点不一定都是极值点，那么如何判断一个函数的驻点和导数不存在的点是不是极值点呢？

**定理 3.3** 设函数 $f(x)$ 在点 $x_0$ 的某邻域内连续并且可导 $[f'(x_0)$ 可以不存在$]$.

（1）如果在点 $x_0$ 的左邻域内，$f'(x)>0$，在点 $x_0$ 的右邻域内，$f'(x)<0$，则 $x_0$ 是 $f(x)$ 的极大值点，且 $f(x_0)$ 是 $f(x)$ 的极大值.

（2）如果在点 $x_0$ 的左邻域内，$f'(x)<0$，在点 $x_0$ 的右邻域内，$f'(x)>0$，则 $x_0$ 是 $f(x)$ 的极小值点，且 $f(x_0)$ 是 $f(x)$ 的极小值.

（3）如果在点 $x_0$ 的邻域内，$f'(x)$ 不变号，则 $x_0$ 不是 $f(x)$ 的极值点.

定理 3.3 通常称为极值存在的充分条件, 也叫极值存在的第一判别法. 下面通过几何意义说明.

设函数 $f(x)$ 在点 $x_0$ 的某邻域内连续, 当 $x < x_0$ 时, $f'(x) > 0$, 函数 $f(x)$ 单调增加, 曲线上升; 当 $x > x_0$ 时, $f'(x) < 0$, 函数 $f(x)$ 单调减少, 曲线下降. 也就是说, 自变量 $x$ 沿 $x$ 轴的正向从左到右经过点 $x_0$ 时, 曲线先上升, 在点 $x_0$ 处达到峰顶, 过点 $x_0$ 后, 曲线又下降, 如图 3–6 所示. 由此说明, 定理 3.3 (1) 的结论是正确的.

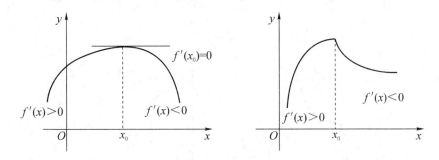

图 3–6 $x_0$ 是极大值点

设函数 $f(x)$ 在点 $x_0$ 的某邻域内连续, 当 $x < x_0$ 时, $f'(x) < 0$, 函数 $f(x)$ 单调减少, 曲线下降; 当 $x > x_0$ 时, $f'(x) > 0$, 函数 $f(x)$ 单调增加, 曲线上升. 也就是说, 自变量 $x$ 沿 $x$ 轴的正向从左到右经过点 $x_0$ 时, 曲线先下降, 在点 $x_0$ 处达到谷底, 过点 $x_0$ 后, 曲线又上升, 如图 3–7 所示. 由此说明, 定理 3.3 (2) 的结论是正确的.

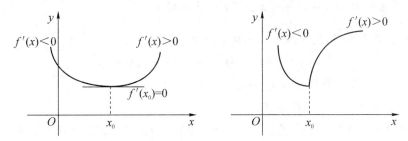

图 3–7 $x_0$ 是极小值点

由图 3–8 可知, 当自变量 $x$ 沿 $x$ 轴的正向从左侧到右侧经过点 $x_0$ 时, 如果 $f'(x)$ 不变号, 即使有 $f'(x_0) = 0$ 或在点 $x_0$ 处 $f'(x)$ 不存在, 函数 $f(x)$ 在点 $x_0$ 附近也是单调的, 所以 $x_0$ 不是 $f(x)$ 的极值点. 这就说明, 定理 3.3 (3) 的结论是正确的.

由定理 3.2 和定理 3.3 得出求函数极值点和极值的步骤如下:

(1) 确定函数 $f(x)$ 的定义域, 并求其导数 $f'(x)$;

(2) 解方程 $f'(x) = 0$, 求出 $f(x)$ 在其定义域内的所有驻点;

(3) 找出 $f(x)$ 的连续但导数不存在的所有点;

(4) 讨论 $f'(x)$ 在驻点和不可导点的左、右两侧附近符号的变化情况, 确定函数的极值点.

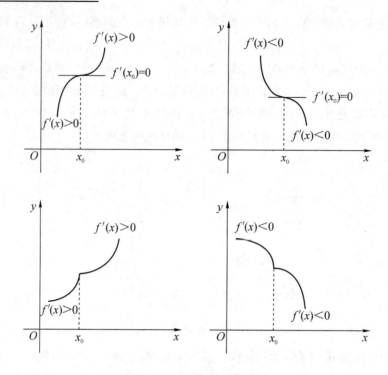

**图 3 - 8　$x_0$ 不是极值点**

（5）求出极值点所对应的函数值（极大值和极小值）.

**例 3.5**　求函数 $f(x) = -x^4 + \dfrac{8}{3}x^3 - 2x^2 + 2$ 的极值.

**解**　（1）函数 $f(x)$ 的定义域为 $(-\infty, +\infty)$，且
$$f'(x) = -4x^3 + 8x^2 - 4x = -4x(x-1)^2$$

（2）令 $f'(x) = 0$，得到驻点 $x_1 = 0$，$x_2 = 1$.

（3）该函数没有导数不存在的点.

（4）驻点将定义域分成三个子区间 $(-\infty, 0)$，$(0, 1)$，$(1, +\infty)$. 表 3 - 1 给出了 $f'(x)$ 在子区间上的符号变化情况和函数 $f(x)$ 的极值情况.

**表 3 - 1　$f(x)$ 的极值情况**

| $x$ | $(-\infty, 0)$ | 0 | $(0, 1)$ | 1 | $(1, +\infty)$ |
|---|---|---|---|---|---|
| $f'(x)$ | + | 0 | − | 0 | − |
| $f(x)$ | ↗ | 2<br>极大值 | ↘ | $\dfrac{5}{3}$<br>非极值 | ↘ |

（5）由表 3 - 1 可知，$x_1 = 0$ 是函数 $f(x)$ 的极大值点，$f(x)$ 的极大值是 $f(0) = 2$.

**例 3.6**　求函数 $f(x) = 3x^{\frac{2}{3}} - x$ 的极值.

**解**　(1) 函数 $f(x)$ 的定义域为 $(-\infty, +\infty)$，且

$$f'(x) = 2x^{-\frac{1}{3}} - 1 = \frac{2 - \sqrt[3]{x}}{\sqrt[3]{x}}$$

(2) 令 $f'(x) = 0$，得到驻点 $x_1 = 8$.

(3) $f'(x)$ 在点 $x_2 = 0$ 处不存在.

(4) 导数不存在的点 $x_2 = 0$ 和驻点 $x_1 = 8$，将函数的定义域分成三个子区间：$(-\infty, 0)$，$(0, 8)$，$(8, +\infty)$，在这些子区间内讨论 $f'(x)$ 的符号变化情况和 $f(x)$ 的极值情况，见表 3-2.

表 3-2　$f(x)$ 的极值情况

| $x$ | $(-\infty, 0)$ | 0 | $(0, 8)$ | 8 | $(8, +\infty)$ |
|---|---|---|---|---|---|
| $f'(x)$ | − | 不存在 | + | 0 | − |
| $f(x)$ | ↘ | 0<br>极小值 | ↗ | 4<br>极大值 | ↘ |

(5) 由表 3-2 可知，$x_1 = 8$ 和 $x_2 = 0$ 分别是 $f(x)$ 的极大值点和极小值点，函数的极大值和极小值分别是 $f(8) = 4$，$f(0) = 0$.

当函数 $f(x)$ 在驻点处的二阶导数存在且不为零时，也可以利用下面的定理判断 $f(x)$ 在驻点处取得极大值还是极小值.

**定理 3.4**　设函数 $f(x)$ 在点 $x_0$ 处具有二阶导数，且 $f'(x_0) = 0$，$f''(x_0) \neq 0$.

(1) 如果 $f''(x_0) < 0$，则 $x_0$ 是 $f(x)$ 的极大值点，$f(x_0)$ 是 $f(x)$ 的极大值；

(2) 如果 $f''(x_0) > 0$，则 $x_0$ 是 $f(x)$ 的极小值点，$f(x_0)$ 是 $f(x)$ 的极小值.

定理 3.4 也是极值存在的充分条件，它是极值存在的第二判别法. 定理 3.4 表明，在函数 $f(x)$ 的驻点 $x_0$ 处，若二阶导数 $f''(x_0) \neq 0$，则该驻点一定是极值点，此时利用第二判别法，由 $f''(x_0)$ 的符号判定 $f(x_0)$ 是极大值还是极小值. 若二阶导数 $f''(x_0) = 0$，则该驻点是否为极值点还要用第一判别法进行判别.

**例 3.7**　求函数 $f(x) = x + e^{-x}$ 的极值.

**解**　函数 $f(x)$ 的定义域为 $(-\infty, +\infty)$，且

$$f'(x) = 1 - e^{-x}$$

令 $f'(x) = 0$，得到驻点 $x_1 = 0$. 该函数没有导数不存在的点. 因为

$$f''(x) = e^{-x}, \quad f''(0) = 1 > 0$$

所以 $x_1 = 0$ 是函数 $f(x)$ 的极小值点，极小值是 $f(0) = 1$.

**例 3.8**　求函数 $f(x) = (x-1)^2 (x+1)^3$ 的极值.

**解**　函数 $f(x)$ 的定义域为 $(-\infty, +\infty)$，且

$$f'(x) = (x-1)(5x-1)(x+1)^2$$

令 $f'(x) = 0$ ，得到驻点 $x_1 = 1$ ，$x_2 = \dfrac{1}{5}$ ，$x_3 = -1$ . 该函数没有导数不存在的点 . 因为

$$f''(x) = (5x-1)(x+1)^2 + 5(x-1)(x+1)^2 + 2(x-1)(5x-1)(x+1)$$
$$= 4(x+1)(5x^2 - 2x - 1)$$

得到

$$f''(1) = 16 > 0, \quad f''\left(\dfrac{1}{5}\right) = -\dfrac{144}{25} < 0, \quad f''(-1) = 0$$

所以 $x_1 = 1$ 是 $f(x)$ 的极小值点，极小值是 $f(1) = 0$ ；$x_2 = \dfrac{1}{5}$ 是 $f(x)$ 的极大值点，极大值是 $f\left(\dfrac{1}{5}\right) = \dfrac{3\,456}{3\,125}$ .

由于 $f''(-1) = 0$ ，不能用第二判别法判别 $x_3 = -1$ 是否为极值点，改用第一判别法 .

当 $x \in (-\infty, -1)$ 时，$f'(x) > 0$ ；而当 $x \in \left(-1, \dfrac{1}{5}\right)$ 时，$f'(x) > 0$. 故由第一判别法可知，$x_3 = -1$ 不是 $f(x)$ 的极值点 .

### 3.2.2 最大值、最小值及其求法

实践中经常会遇到在一定条件下怎样才能用料最省、效率最高、成本最小、利润最大等问题 . 通常可将这类问题归纳为求一个函数在给定区间上的最大值或最小值 . 应该注意的是，最值与极值是有差别的 . 因为对区间 $[a, b]$ 上的连续函数 $y = f(x)$ ，如果 $x_0 \in (a, b)$ 是 $f(x)$ 的极值点，则存在 $x_0$ 的一个邻域，对该邻域内的任意一个 $x(x \neq x_0)$ ，都有

$$f(x_0) \geqslant f(x) \quad \text{或} \quad f(x_0) \leqslant f(x)$$

而当 $x_0 \in [a, b]$ 是 $f(x)$ 的最大值点或最小值点时，则对任意的 $x \in [a, b]$ ，都有

$$f(x_0) \geqslant f(x) \quad \text{或} \quad f(x_0) \leqslant f(x)$$

也就是说，极值是对极值点 $x_0$ 的某个邻域而言的局部概念，它只能在区间的内点处取得；而最值是对整个区间而言的整体概念，它可能在区间的内点处取得（则它必是极值点），也可能在区间的端点处取得 .

可以证明，连续函数在闭区间上一定有最大值和最小值 . 由图 3-5 可知，连续函数的最大值和最小值只可能在以下几种点处取得：

（1）驻点；

（2）导数不存在的点；

（3）端点 .

因此，求连续函数 $f(x)$ 在闭区间 $[a, b]$ 上的最大值和最小值，只需分别求出 $f(x)$ 在其驻点、导数不存在的点以及端点 $a, b$ 处的函数值 . 这些函数值中的最大者就是函数在 $[a, b]$ 上的最大值，最小者就是函数在 $[a, b]$ 上的最小值 .

**例 3.9** 求函数 $f(x) = x^3 - 3x^2 - 9x + 5$ 在区间 $[-4, 4]$ 上的最大值和最小值.

**解** 因为

$$f'(x) = 3x^2 - 6x - 9 = 3(x+1)(x-3)$$

令 $f'(x) = 0$，得到驻点 $x_1 = -1, x_2 = 3$. 计算 $f(x)$ 在区间端点及驻点 $x_1, x_2$ 处的函数值，得到

$$f(-4) = -71, \quad f(4) = -15, \quad f(-1) = 10, \quad f(3) = -22$$

所以 $f(x)$ 在区间 $[-4, 4]$ 上的最大值为 $f(-1) = 10$，最小值为 $f(-4) = -71$.

**例 3.10** 求函数 $f(x) = x(x-1)^{\frac{1}{3}}$ 在区间 $[-2, 2]$ 上的最大值和最小值.

**解** 因为

$$f'(x) = (x-1)^{\frac{1}{3}} + \frac{1}{3}x(x-1)^{-\frac{2}{3}} = \frac{4x-3}{3\sqrt[3]{(x-1)^2}}$$

令 $f'(x) = 0$，得到驻点 $x_1 = \dfrac{3}{4}$，且导数在点 $x_2 = 1$ 处不存在. 计算 $f(x)$ 在区间端点及驻点 $x_1$、导数不存在的点 $x_2$ 处的函数值，得到

$$f(-2) = 2.88, \quad f(2) = 2, \quad f\left(\frac{3}{4}\right) = -0.47, \quad f(1) = 0$$

所以 $f(x)$ 在区间 $[-2, 2]$ 上的最大值为 $f(-2) = 2.88$，最小值为 $f\left(\dfrac{3}{4}\right) = -0.47$.

**本节关键词** 极值 极值点 最大值 最小值

## 练习 3.2

1. 求下列函数的极值：

(1) $f(x) = \dfrac{3}{4}x^{\frac{4}{3}} - x$ ;           (2) $f(x) = x^3 - 3x^2 - 9x + 1$ ;

(3) $f(x) = x^2 + \dfrac{16}{x}$ ;           (4) $f(x) = \dfrac{x}{1+x^2}$ ;

(5) $f(x) = x - \ln(1+x)$ ;          (6) $f(x) = x^2 e^{-x}$ .

2. 求下列函数在指定区间上的最大值和最小值：

(1) $f(x) = x^3 - 3x^2$，$[-1, 4]$；      (2) $f(x) = x + \sqrt{1-x}$，$[-5, 1]$；

(3) $f(x) = \ln(x^2 + 1)$，$[-1, 2]$； (4) $f(x) = \dfrac{x^2}{1+x}$，$\left[-\dfrac{1}{2}, 1\right]$.

# 3.3 导数应用举例

什么是所生产的最能获利的产品尺寸？什么是用料最省的油罐形状？我们能将半径为若

干单位的半圆木切割成什么样的矩形可以获得的面积最大？原材料的订货与储存组合的最小费用是多少？一个怎样的税率才能使企业和政府都收益？在用函数来描述我们感兴趣的事物的数学模型中，是通过求解可导函数的最大值和最小值来回答这些问题的.

### 3.3.1 来自商业和工业的例子

**例 3.11**（制作盒子） 设有一块边长为 30 cm 的正方形铁皮，从它的四角截去同样大小的正方形，做成一个无盖方盒子，问截去的小正方形为多大才能使做成的方盒子容量最大？

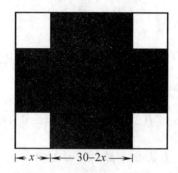

$\longmapsto x \longmapsto 30-2x \longmapsto$

**图 3 - 9　例 3.11 示意图**

**解** 先从一个图形开始（见图 3 - 9）. 设图中四个角处正方形的边长为 $x$，则盒子容量就是变量 $x$ 的函数：

$$V(x) = x(30 - 2x)^2 = 900x - 120x^2 + 4x^3$$

因为铁皮的边长只有 30 cm，所以 $x \leqslant 15$，从而 $V$ 的定义域为 $[0, 15]$.

现在的问题变为求函数 $V(x)$ 在区间 $[0, 15]$ 上的最大值. 由

$$\frac{\mathrm{d}V}{\mathrm{d}x} = 900 - 240x + 12x^2 = 12(75 - 20x + x^2)$$

$$= 12(5 - x)(15 - x)$$

于是，$V$ 在区间 $(0, 15)$ 内的驻点为 $x = 5$. 比较 $V$ 在驻点和两个端点处的值的大小：

$$V(0) = 0, \quad V(5) = 2\,000, \quad V(15) = 0$$

可知当 $x = 5$ 时，容积 $V$ 最大.

**结论** 如果在闭区间 $[a, b]$ 上的连续函数 $f(x)$ 在开区间 $(a, b)$ 内可导，而且 $x_0$ 是 $f(x)$ 在 $(a, b)$ 内的唯一驻点，则当 $x_0$ 是 $f(x)$ 的极大值点（或极小值点）时，$x_0$ 一定是 $f(x)$ 在 $[a, b]$ 上的最大值点（或最小值点）.

显然，上述结论对于开区间和无穷区间也适用. 在应用问题中经常会遇到这样的情形.

**例 3.12**（高效油罐的设计） 要求设计一个容量为 1 L 的圆柱形油罐（见图 3 - 10），什么样的尺寸用料最省？

**解** 用料最省即为圆柱的表面积最小. 设圆柱的高为 $h$ cm，底面半径为 $r$ cm，则罐的

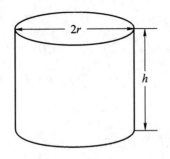

图 3 - 10　例 3.12 示意图

体积为

$$\pi r^2 h = 1\,000\,, \qquad 1\,\text{L} = 1\,000\,\text{cm}^3$$

罐的表面积为

$$S = 2\pi r^2 + 2\pi rh$$

将表面积表示为单个变量的函数. 由

$$h = \frac{1\,000}{\pi r^2}$$

得到

$$S = 2\pi r^2 + \frac{2\,000}{r}$$

令

$$\frac{\mathrm{d}S}{\mathrm{d}r} = 4\pi r - \frac{2\,000}{r^2} = 0$$

得到

$$4\pi r^3 = 2\,000\,, \qquad r = \sqrt[3]{\frac{500}{\pi}} \approx 5.42$$

由于这个圆柱体确有最小表面积,故驻点 $r = 5.42$ 就是其最小值点. 这时,相应的高为

$$h = \frac{1\,000}{\pi r^2} = \frac{1\,000}{\pi r^3} \cdot r = 2r$$

由例 3.12 可知,如果圆柱体的体积已知,则当高和底面直径相等时,用料最省. 许多圆柱形水杯或其他圆柱形容器都是根据这个道理制造的.

**例 3.13**（原料中转车站的确定）　设工厂 $A$ 到铁路线的垂直距离为 20 km,垂足为 $B$. 铁路线上与 $B$ 相距 100 km 处有一个原料供应站 $C$,如图 3 - 11 所示. 现在要在铁路 $BC$ 中间某处 $D$ 修建一个原料中转车站,再由车站 $D$ 向工厂修一条公路. 如果已知每千米的铁路运费与公路运费之比为 $3 : 5$,那么 $D$ 应选在何处,才能使原料供应站 $C$ 运货到工厂 $A$ 所需运费最省?

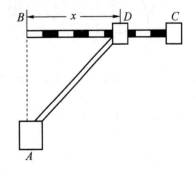

图 3 - 11　例 3.13 示意图

**解**　设 $B$，$D$ 之间的距离为 $x$ km，则 $A$，$D$ 之间的距离和 $C$，$D$ 之间的距离分别为

$$|AD| = \sqrt{x^2 + 20^2}, \quad |CD| = 100 - x$$

如果公路运费为 $a$ 元/千米，那么铁路运费为 $\dfrac{3}{5} a$ 元/千米．故从原料供应站 $C$ 途经中转站 $D$ 到工厂 $A$ 所需总运费 $y$ 为

$$\begin{aligned} y &= \frac{3}{5} a \, |CD| + a \, |AD| \\ &= \frac{3}{5} a (100 - x) + a \sqrt{x^2 + 400} \quad (0 \leqslant x \leqslant 100) \end{aligned}$$

因为

$$y' = -\frac{3}{5} a + \frac{ax}{\sqrt{x^2 + 400}} = \frac{a(5x - 3\sqrt{x^2 + 400})}{5\sqrt{x^2 + 400}}$$

令 $y' = 0$，即 $25x^2 = 9(x^2 + 400)$，得到 $x_1 = 15$，$x_2 = -15$（舍去），且 $x_1 = 15$ 是函数 $y$ 在定义域内的唯一驻点．因此，$x_1 = 15$ 既是函数 $y$ 的极小值点，也是函数 $y$ 的最小值点．

由此可知，车站 $D$ 建于 $B$，$C$ 之间且与 $B$ 相距 15 km 处时，运费最省．

### 3.3.2　来自数学的例子

**例 3.14**（内接矩形）　一个矩形内接于一个半径为 2 单位的半圆内．矩形可以达到的最大面积为多少？矩形的尺寸是多少？

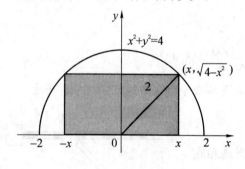

图 3 - 12　例 3.14 示意图

**解**　设 $(x, \sqrt{4 - x^2})$ 是把半圆和矩形放在坐标平面上得到的矩形的角点坐标，如图 3 - 12 所示．于是矩形的长、高和面积可以用矩形右下角点的位置 $x$ 表示，即长为 $2x$，高为 $\sqrt{4 - x^2}$，面积为 $2x\sqrt{4 - x^2}(0 \leqslant x \leqslant 2)$．

现在的目标是求面积函数

$$A(x) = 2x\sqrt{4 - x^2}$$

在定义域 $[0, 2]$ 上的最大值．

因为导数

$$\frac{\mathrm{d}A}{\mathrm{d}x} = 2\sqrt{4 - x^2} - \frac{2x^2}{\sqrt{4 - x^2}}$$

在 $x = 2$ 处导数不存在，且由

$$2\sqrt{4 - x^2} - \frac{2x^2}{\sqrt{4 - x^2}} = 0$$

$$2(4 - x^2) - 2x^2 = 0$$

$$x^2 = 2$$

得到 $x_1 = \sqrt{2}$，$x_0 = -\sqrt{2}$（舍去）．于是 $x_1 = \sqrt{2}$ 是函数 $A(x)$ 在定义域内的唯一驻点，所以 $x_1 = \sqrt{2}$ 是函数 $A(x)$ 的最大值点．因此，当矩形的高为 $\sqrt{4 - x^2} = \sqrt{2}$ 单位及长为 $2x = 2\sqrt{2}$ 单位时的面积最大，最大面积为 4 平方单位．

### 3.3.3 来自经济学的例子

**例 3.15**（最大化利润）

假设

$$R(x) \text{ 为卖出 } x \text{ 件产品的收入}$$
$$C(x) \text{ 为生产 } x \text{ 件产品的成本}$$
$$L(x) = R(x) - C(x) \text{ 为卖出 } x \text{ 件产品的利润}$$

在这个生产水平（$x$ 件产品）上的**边际收入、边际成本**和**边际利润**分别为

$$\frac{dR}{dx} = \text{边际收入}, \qquad \frac{dC}{dx} = \text{边际成本}, \qquad \frac{dL}{dx} = \text{边际利润}$$

可以证明，在给出最大利润的生产水平上，边际收入等于边际成本．

现有某企业的收入函数为 $R(x) = 9x$，成本函数为 $C(x) = x^3 - 6x^2 + 15x$，其中 $x$ 表示千件产品，问该企业是否存在一个利润最大化的生产水平？如果存在，它是什么？

**解** 因为 $R'(x) = 9$，$C'(x) = 3x^2 - 12x + 15$．令 $R'(x) = C'(x)$，得到

$$9 = 3x^2 - 12x + 15$$
$$3x^2 - 12x + 6 = 0$$

解

$$x_1 = \frac{12 - \sqrt{72}}{6} = 2 - \sqrt{2} \approx 0.586, \qquad x_2 = \frac{12 + \sqrt{72}}{6} = 2 + \sqrt{2} \approx 3.414$$

可能使利润最大化的生产水平为 $x \approx 0.586$ 千件或 $x \approx 3.414$ 千件．图 3-13 表明在 $x \approx 3.414$ 处（在该处收入超过成本）达到最大利润，而最大亏损发生在 $x \approx 0.586$ 的生产水平上．

**例 3.16**（订货与储存问题） 假设一位储藏橱的制作者用从外面买来的材料制作顾客定做的家具．她有一个每天制作 5 件家具的合同，这也是她的生产能力．对要用的每一件原材料，她都要决定每次送多少以及多长时间送一次．每送一次货她要付的费用与送多少原材料无关，而且她可以租用一个存放多少原材料都可以的货场．如果一种特定的外来木材的运送成本为 5 625 元，而每单位材料的储存成本为 10 元，这里的单位材料是指她制作一件家具所需的原材料．为使她在两次运送期间的制作周期内平均每天的成本最小，每次她应该订多少原材料以及多长时间订一次货？

**解** 如果她要求每 $x$ 天送一次货，那么为了在运送周期内有足够的原材料，她必须订 $5x$ 单位材料．平均储存量大约为运送数量的一半，即 $5x/2$．因此，每个运送周期内的运送

成本和储存成本大约为

$$每个周期的成本 = 运送成本 + 储存成本 = 5\,625 + \frac{5x}{2} \cdot x \cdot 10$$

通过把每个周期的成本除以该周期的天数得到每天的平均成本 $C(x)$（见图 3 - 14）.

$$C(x) = \frac{5\,625}{x} + 25x, \qquad x > 0$$

当 $x \to 0$ 和 $x \to \infty$ 时，每天的平均成本变大，所以预期最小值是存在的.

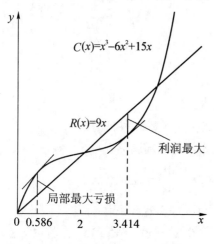

图 3 - 13   例 3.15 示意图

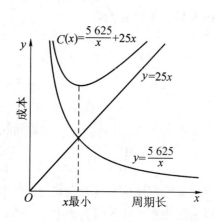

图 3 - 14   例 3.16 示意图

由 $C'(x) = -\dfrac{5\,625}{x^2} + 25 = 0$，得到 $x = \pm\sqrt{225} = \pm 15$. 因为 $x = 15$ 是函数 $C(x)$ 在定义域内的唯一驻点，所以 $C(x)$ 在 $x = 15$ 天处取到最小值. 因此，储藏橱制作者应安排每隔 15 天运送外来的木材 75 单位.

**例 3.17**（征税问题）  企业想赚钱，政府要收税，一个怎样的税率才能使双方都受益？这是一个很现实的问题.

我们假设企业以追求最大利润为目标而控制它的产量 $q$，政府对其产品征税的税率（单位产品的税收金额）为 $t$，我们的任务是确定一个适当的税率，使征税收入达到最大.

现已知企业的总收入函数和总成本函数分别为 $R = R(q)$、$C = C(q)$. 由于每单位产品要纳税 $t$. 故企业的成本要增加 $t$，从而纳税后的总成本函数是

$$C_t(q) = C(q) + tq,$$

利润函数是

$$L_t(q) = R(q) - C_t(q) = R(q) - C(q) - tq,$$

令 $\dfrac{\mathrm{d}L_t(q)}{\mathrm{d}q} = 0$，有

$$\frac{\mathrm{d}R(q)}{\mathrm{d}q} = \frac{\mathrm{d}C(q)}{\mathrm{d}q} + t,$$

这就是在纳税的情况下获得最大利润的必要条件.

政府征税得到的总收入是

$$T = tq$$

显然，总收入 $T$ 不仅与产量 $q$ 有关，而且与税率 $t$ 有关. 当税率 $t=0$（免税）时，$T=0$；随着单位产品税率的增加，产品的价格也提高，需求量就会降低，当税率 $t$ 增大到使产品失去市场时，这时 $q=0$，从而也有 $T=0$. 因此，为了使征税收入最大，就必须恰当地选取 $t$. 下面通过一个实例说明如何求解这一问题.

设企业的总收入函数和总成本函数分别为 $R(q) = 30q - 3q^2$，$C(q) = q^2 + 2q + 2$. 企业追求最大利润，政府对产品征税，求

（1）征税收入的最大值及此时的税率 $t$；

（2）企业纳税后的最大利润及价格.

**解** （1）因为

$$R'(q) = 30 - 6q, \quad C'(q) = 2q + 2$$

由纳税后获得最大利润的必要条件

$$R'(q) = C'(q) + t,$$

得

$$30 - 6q = 2q + 2 + t,$$

故

$$q_t = \frac{1}{8}(28 - t).$$

根据实际问题的判断，$q_t$ 就是纳税后企业获得最大利润的产出水平. 于是，这时的征税收入函数为

$$T(t) = tq_t = \frac{1}{8}(28t - t^2).$$

要使税收 $T(t)$ 取最大值，可令 $\dfrac{\mathrm{d}T(t)}{\mathrm{d}t} = 0$，得

$$\frac{1}{8}(28 - 2t) = 0, \quad \text{即 } t = 14.$$

根据实际问题可以断定 $T(t)$ 必有最大值，而 $\dfrac{\mathrm{d}T(t)}{\mathrm{d}t} = 0$ 只有一根，所以当 $t = 14$ 时，$T(t)$ 的值最大. 这时的产出水平

$$q_t = \frac{1}{8}(28 - 14) = 1.75,$$

最大征税收入为

$$T(14) = tq_t = 14 \times 1.75 = 24.5.$$

（2）容易算得纳税前，当产出水平 $q = 3.5$ 时，可获得最大利润 $L = 47$，此时价格 $p =$

19.5；将 $q_t = 1.75$，$t = 14$ 代入纳税后的利润函数

$$L_t(q) = R(q) - C_t(q) = -4q^2 + (28 - t)q - 2$$

中，得最大利润 $L = 10.25$. 此时产品价格

$$p = \frac{R(q)}{q}\Bigg|_{q=1.75} = (30 - 3q)|_{q=1.75} = 24.75.$$

## 练习 3.3

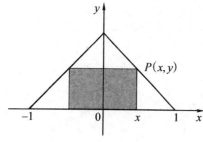

图 3 – 15    第 1 小题图

1. 如图 3 – 15 所示是斜边为 2 单位的等边直角三角形的内接矩形.

（1）把点 $P$ 的 $y$ 坐标用 $x$ 表示出来；

（2）把矩形的面积用 $x$ 表示出来；

（3）求矩形的最大面积及相应的长和宽.

2. 从 8 dm × 15 dm 的一张硬纸版上在四个角剪去全等的正方形，再往上折起构成一个无盖的长方体盒子. 用这种方法做得的体积最大的盒子的尺寸（长、宽、高）是多少？体积为多少？

3. 一块矩形的农田，一边靠河，另外三边用单股的电线围栏围起来. 800 m 长的电线由你支配，你能围起来的最大矩形面积为多少？矩形的尺寸为多少？

4. 三角形的两个边长分别为 $a$ 和 $b$，其夹角为 $\theta$，问 $\theta$ 取何值时，能使三角形的面积最大？（提示：面积 $A = \frac{1}{2}ab\sin\theta$）

5. 你正在设计一个容量为 1 000 cm$^3$ 的圆柱形罐，它的制造要考虑材料的损耗. 切割做侧面时的铝片材料没有损耗，但上、下底以 $r$ 为半径的圆片是从边长为 $2r$ 的正方形铝片上切割出的，所以使用铝片的总量为

$$A = 8r^2 + 2\pi rh$$

其中 $h$ 为圆柱形罐的高. 问圆柱形罐的高与半径之比为多少时，使用的材料最省？

6. 制造和销售每一个背包的成本为 $C$ 元，如果每个背包的售价为 $x$ 元，售出的背包数由

$$n = \frac{a}{x - C} + b(110 - x)$$

给出，其中 $a$ 和 $b$ 都为正常数. 问什么样的售出价格能带来最大利润？

# 本章小结

本章主要介绍了利用导数对一元函数特性进行分析以及导数应用的几个例题，中心内容是函数的极值和最大（小）值问题. 要掌握函数的极值和最大（小）值问题的处理方法，

首先必须掌握函数在某个区间上的单调性的判断，这是因为函数极值点的判别是由其在该点处的单调增减情况确定的．求函数极值的步骤如下：

（1）确定函数 $f(x)$ 的定义域，并求其导数 $f'(x)$．

（2）解方程 $f'(x) = 0$，求出 $f(x)$ 在其定义域内的所有驻点．

（3）找出 $f(x)$ 的连续但导数不存在的所有点．

（4）求驻点处的二阶导数 $f''(x)$，确定函数的极值点，或讨论 $f'(x)$ 在驻点和不可导点的左、右两侧附近符号的变化情况来确定函数的极值点．

（5）求出极值点所对应的函数值（极大值和极小值）．

掌握了极值和最大（小）值问题的处理方法后，应进一步掌握解决一些应用问题的方法，尤其是 3.3 导数应用举例中求解最大（小）值的方法，这是学习本章的主要目的．求解最大（小）值应用问题的关键是根据题意设置变量，建立函数关系．对于一般应用问题，求出驻点后，如果在所考虑的定义域内驻点是唯一的，则该驻点即为所求的最大值点或最小值点，而不必进行判别．

# 习 题 3

1. 求下列函数的单调区间：

(1) $f(x) = e^x - x - 1$；

(2) $f(x) = \ln(x + \sqrt{x^2 + 1})$；

(3) $f(x) = \dfrac{3}{2} x^{\frac{2}{3}} - x$；

(4) $f(x) = \dfrac{x^2}{1 - x}$．

2. 求下列函数的极值：

(1) $f(x) = x^3 (x - 5)^2$；

(2) $f(x) = 2x - \ln(4x)^2$；

(3) $f(x) = 3 - 2(x + 1)^{\frac{1}{3}}$；

(4) $f(x) = x + \tan x$．

3. 求下列函数在指定区间的最大值与最小值：

(1) $f(x) = 2x^3 - 6x^2 - 18x + 7$，$x \in [1, 4]$；

(2) $f(x) = x^2 - \dfrac{54}{x}$，$x \in (-\infty, 0)$；

(3) $f(x) = \sqrt{x} \ln x$，$x \in \left[ \dfrac{1}{2}, 1 \right]$；

(4) $f(x) = |x^2 - 3x + 2|$，$x \in [-10, 10]$．

4. 你正在设计一张长方形海报，包括 $50\ \mathrm{cm}^2$ 的印刷内容以及上底、下底各 $4\ \mathrm{cm}$ 的页边空白，左、右两边各 $2\ \mathrm{cm}$ 的页边空白．问海报的长和宽各为多少时，能使用纸量最少？

5. 做一个体积为 $V$ 的圆柱形容器，已知其两个端面的材料价格为每单位面积 $a$ 元，侧面材料价格为每单位面积 $b$ 元．问当底面直径与高的比例为多少时，造价最省？

6. 求能内接于半径为 $10\ \mathrm{cm}$ 的球的最大可能体积的直圆柱体的尺寸，并求其最大体积．

7. 建造一个下部为圆柱、上部为半圆球形状的谷仓（不包括底部）. 就每平方米表面的建造成本来说, 半球的成本为圆柱侧表面成本的 2 倍. 如果体积一定, 试决定使建造成本最小的尺寸.

8. 斜边为 $\sqrt{3}$ m 的直角三角形绕它的一条侧边旋转生成一个直圆锥, 求能使该直圆锥体积最大的半径和高, 并求其体积.

9. 在库存管理中, 订货、支付和保存货物的平均周费用为

$$A(q) = \frac{k \cdot m}{q} + c \cdot m + \frac{h \cdot q}{2}$$

其中 $q$ 为当货物快耗尽时你的订货量, $k$ 为发出一次订单所需费用, $c$ 为一类商品的成本（常数）, $m$ 为每周出售的商品种类, $h$ 为每种商品的周保存费.

（1）作为商店的库存经理, 你的任务就是求出能使 $A(q)$ 最小的量 $q$, 它等于多少?

（2）有时运送成本依赖于订货多少. 如果确是如此的话, 用 $k$ 与 $q$ 的常数倍之和 $(k + bq)$ 来代替 $k$ 更为实际. 问在这种情况下, 最经济的订货量为多少?

# 学习指导

## 一、疑难解析

### （一）关于函数的单调性

本章的重点之一是求函数的极值和最大（小）值, 而函数的单调性判别是求函数极值和最大（小）值的基础. 因此, 理解函数单调性的概念, 并掌握函数单调性的判别方法是非常重要的.

对于函数的单调性, 可以用 1.1 节中单调函数的定义进行判别, 但这种方法在实际操作时比较困难. 另一种方法相对简单些, 即利用一阶导数 $f'(x)$ 在区间 $(a, b)$ 内的符号进行判别. 若在 $(a, b)$ 内, $f'(x) > 0$, 则连续函数 $f(x)$ 在区间 $[a, b]$ 上是单调增加的, 或称 $[a, b]$ 为 $f(x)$ 的单调增加区间; 若在 $(a, b)$ 内, $f'(x) < 0$, 则连续函数 $f(x)$ 在区间 $[a, b]$ 上是单调减少的, 或称 $[a, b]$ 为 $f(x)$ 的单调减少区间.

在学习函数的单调性时, 要注意以下几个问题:

（1）如果函数在 $[a, b]$ 上连续, 除个别点 $f'(x) = 0$（或导数不存在）以外, 都有 $f'(x) > 0$（或 $<0$）, 则函数 $f(x)$ 在 $[a, b]$ 上的单调性不受影响. 例如, 函数 $f(x) = x^3$ 在 $(-\infty, +\infty)$ 内是单调增加的, 但在 $x_0 = 0$ 处, $f'(0) = 0$.

（2）导数 $f'(x_0) = 0$ 的点 $x_0$ 不一定是增减区间的分界点, 如函数 $f(x) = x^3$.

（3）函数的间断点（如例 3.3）、使导数为零的点、导数不存在的点 [如 $f(x) = x^{\frac{2}{3}}$, 在 $x_0 = 0$ 处, $f'(x)$ 不存在], 都有可能是函数增减区间的分界点. 也就是说, 只要函数的导数 $f'(x)$ 在经过这些点时符号发生变化, 那么这些点就是函数增减区间的分界点.

（4）函数的单调性是相对于某个区间来说的．当一个函数 $f(x)$ 在区间 $(a, b)$ 内单调增加（减少）时，不能说该函数是单调函数．只有当 $f(x)$ 在整个定义域上都是单调增加（减少）时，才能说该函数是单调函数．例如，$f(x) = x^2$ 在 $(0, +\infty)$ 内是单调增加的，而在定义域 $(-\infty, +\infty)$ 内并不完全是单调增加的，所以 $f(x) = x^2$ 不是单调函数．

### （二）关于函数的极值与最值

函数 $f(x)$ 在区间 $[a, b]$ 上的最大值和最小值一般统称为最值．

在学习 3.2 节"函数的极值"时，要处理好以下几个问题：

（1）函数的极值是函数在一个局部范围内的性质，它只与点 $x_0$ 及其附近的函数值有关．也就是说，如果 $f(x_0)$ 是函数 $f(x)$ 的极大（小）值，那么只是与点 $x_0$ 附近的所有 $x$ 相比，有函数值 $f(x_0) \geqslant (\leqslant) f(x)$，而不是在整个定义区间上 $f(x_0)$ 是最大（小）的．

函数的最大（小）值是函数在整个定义区间上的性质．若 $f(x_0)$ 是函数 $f(x)$ 在定义区间 $D$ 上的最大（小）值，则对任意 $x \in D$，都有函数值 $f(x_0) \geqslant (\leqslant) f(x)$．

（2）极值点或最值点是指使函数 $f(x)$ 取得极值或最值的点 $x_0$，而极值或最值是极值点或最值点处的函数值 $f(x_0)$，两者不能混淆．

（3）极值点不一定是驻点，如 $x = 0$ 是函数 $f(x) = |x|$ 的极值点，但它不是驻点；反之，驻点也不一定是极值点，如 $x = 0$ 是函数 $f(x) = x^3$ 的驻点，但它不是极值点．

如果函数 $f(x)$ 在点 $x_0$ 处是可导的，且在点 $x_0$ 处取得极值，则极值点 $x_0$ 一定是驻点．这是极值点的必要条件．

如果函数 $f(x)$ 在驻点 $x_0$ 的左、右邻域内一阶导数变号，则驻点一定是极值点．这是极值点的充分条件．

（4）函数 $f(x)$ 在点 $x_0$ 处有定义，这是其在 $x_0$ 处取得极值的最基本条件；否则，尽管满足当 $x < x_0$ 时，$f'(x) > 0 (<0)$，而当 $x > x_0$ 时，$f'(x) < 0 (>0)$，$x_0$ 也不是 $f(x)$ 的极值点．例如，函数 $f(x) = \dfrac{1}{|x|}$，当 $x < 0$ 时，$f'(x) = \dfrac{1}{x^2} > 0$，而当 $x > 0$ 时，$f'(x) = -\dfrac{1}{x^2} < 0$；但在 $x_0 = 0$ 处 $f(x)$ 无定义，$f(x)$ 在 $x_0 = 0$ 处没有函数值，故不能取到极值．因此，$x_0 = 0$ 不是函数 $f(x)$ 的极值点．

## 二、典型例题

**例 1**　求函数 $f(x) = \dfrac{3}{5} x^{\frac{5}{3}} - \dfrac{3}{2} x^{\frac{2}{3}} + 1$ 的单调区间．

**分析**　求函数 $f(x)$ 的单调区间的步骤如下：

（1）确定函数 $f(x)$ 的定义域．

（2）求出函数 $f(x)$ 在其定义域内使导数为零和导数不存在的点，这些点把定义域分成若干个子区间．

（3）确定 $f'(x)$ 在每个子区间内的符号．一般在该区间内任取一点 $x_0$，求出 $f'(x_0)$ 的符号．由于 $f(x)$ 在该区间内有单调性，故 $f'(x_0)$ 的符号就是 $f'(x)$ 在该区间内的符号．

（4）根据每个子区间内 $f'(x)$ 的符号，确定 $f(x)$ 的单调性，得到 $f(x)$ 的单调区间．

**解**　函数 $f(x) = \dfrac{3}{5}x^{\frac{5}{3}} - \dfrac{3}{2}x^{\frac{2}{3}} + 1$ 的定义域为 $(-\infty, +\infty)$．因为

$$f'(x) = x^{\frac{2}{3}} - x^{-\frac{1}{3}} = \frac{x-1}{\sqrt[3]{x}}$$

可见，在 $x_1 = 0$ 处，$f'(x)$ 不存在．令 $f'(x) = 0$，即 $\dfrac{x-1}{\sqrt[3]{x}} = 0$，得到 $x_2 = 1$．

以 $x_1$，$x_2$ 为分点，将函数定义域分成三个子区间：$(-\infty, 0)$，$(0, 1)$，$(1, +\infty)$．

当 $x \in (-\infty, 0)$ 时，$f'(x) > 0$；

当 $x \in (0, 1)$ 时，$f'(x) < 0$；

当 $x \in (1, +\infty)$ 时，$f'(x) > 0$．

因此，函数 $f(x)$ 的单调增加区间为 $(-\infty, 0)$ 和 $(1, +\infty)$，单调减少区间为 $(0, 1)$．

**例 2**　求函数 $f(x) = x - \sqrt{2}\ln(x + \sqrt{x^2 + 1})$ 的单调区间．

**分析**　利用例 1 给出的求函数 $f(x)$ 的单调区间的步骤求解．

**解**　函数 $f(x) = x - \sqrt{2}\ln(x + \sqrt{x^2+1})$ 的定义域为 $(-\infty, +\infty)$．因为

$$f'(x) = 1 - \frac{\sqrt{2}}{\sqrt{x^2+1}} = \frac{\sqrt{x^2+1} - \sqrt{2}}{\sqrt{x^2+1}}$$

该函数没有 $f'(x)$ 不存在的点．令 $f'(x) = 0$，即

$$\frac{\sqrt{x^2+1} - \sqrt{2}}{\sqrt{x^2+1}} = 0$$

得到 $x_1 = -1$，$x_2 = 1$．以 $x_1$，$x_2$ 为分点，将函数的定义域分成三个子区间：$(-\infty, -1)$，$(-1, 1)$，$(1, +\infty)$．

当 $x \in (-\infty, -1)$ 时，$f'(x) > 0$；

当 $x \in (-1, 1)$ 时，$f'(x) < 0$；

当 $x \in (1, +\infty)$ 时，$f'(x) > 0$．

因此，函数 $f(x)$ 的单调增加区间为 $(-\infty, -1)$ 和 $(1, +\infty)$，单调减少区间为 $(-1, 1)$．

**例 3**　求函数 $f(x) = x\ln^2 x$ 的极值．

**分析**　求函数极值的步骤如下：

（1）确定函数 $f(x)$ 的定义域，并求其导数 $f'(x)$．

（2）解方程 $f'(x) = 0$，求出 $f(x)$ 在定义域内的所有驻点．

（3）找出 $f(x)$ 的连续但导数不存在的所有点．

（4）求驻点处的二阶导数 $f''(x)$，确定函数的极值点，或讨论 $f'(x)$ 在驻点和不可导

点左、右两侧附近符号的变化情况,确定函数的极值点.

(5) 判断各个极值点的函数值是极大还是极小,写出极大值或极小值.

**解** 函数 $f(x) = x\ln^2 x$ 的定义域是 $(0, +\infty)$,且

$$f'(x) = \ln^2 x + 2\ln x = \ln x(\ln x + 2)$$

该函数没有不可导点. 令 $f'(x) = 0$,即 $\ln x(\ln x + 2) = 0$,得到 $x_1 = e^{-2}$,$x_2 = 1$.

以 $x_1$,$x_2$ 为分点,将函数的定义域分成三个子区间: $(0, e^{-2})$,$(e^{-2}, 1)$,$(1, +\infty)$. $f'(x)$ 在子区间内的符号变化情况和 $f(x)$ 的极值情况见表 3–3.

**表 3–3　$f(x) = x\ln^2 x$ 的极值情况**

| $x$ | $(0, e^{-2})$ | $e^{-2}$ | $(e^{-2}, 1)$ | $1$ | $(1, +\infty)$ |
|---|---|---|---|---|---|
| $f'(x)$ | + | 0 | − | 0 | + |
| $f(x)$ | ↗ | $4e^{-2}$ 极大值 | ↘ | $0$ 极小值 | ↗ |

由表 3–3 知, $x_1 = e^{-2}$ 是 $f(x)$ 的极大值点, $x_2 = 1$ 是 $f(x)$ 的极小值点. 函数的极大值是 $f(e^{-2}) = 4e^{-2}$,极小值是 $f(1) = 0$.

**例 4** 求函数 $f(x) = 3x^4 - 4x^3$ 的极值.

**分析** 利用定理 3.4 判别函数 $f(x)$ 的极值时要注意,在函数的驻点 $x_0$ 处,若二阶导数 $f''(x_0) \neq 0$,则该驻点一定是极值点,此时利用第二判别法,以 $f''(x_0)$ 的符号判定 $f(x_0)$ 是极大值还是极小值. 若二阶导数 $f''(x_0) = 0$,则该驻点是否为极值点还要用第一判别法进行判别.

**解** 函数 $f(x) = 3x^4 - 4x^3$ 的定义域是 $(-\infty, +\infty)$,且

$$f'(x) = 12x^3 - 12x^2 = 12x^2(x - 1)$$

该函数无不可导点. 令 $f'(x) = 0$,即 $12x^2(x - 1) = 0$,得到 $x_1 = 0$,$x_2 = 1$. 因为

$$f''(x) = 36x^2 - 24x = 12x(3x - 2), \qquad f''(1) = 12 \times (3 - 2) = 12 > 0$$

所以 $x_2 = 1$ 是 $f(x)$ 的极小值点,极小值是 $f(1) = -1$.

由于 $f''(0) = 0$,故不能用第二判别法判别 $x_1 = 0$ 是否为极值点,改用第一判别法.

当 $x \in (-\infty, 0)$ 时,$f'(x) < 0$;而当 $x \in (0, 1)$ 时,$f'(x) < 0$. 故由第一判别法可知, $x_1 = 0$ 不是 $f(x)$ 的极值点.

**例 5** 今欲制作一个体积为 30 $m^3$ 的圆柱形无盖容器,其底面用钢板,侧面用铝板. 若已知每平方米钢板的价格为铝板的 3 倍,试问如何取圆柱的高和半径,才能使总造价最低?

**分析** 若侧面每平方米造价为 $a$ 元,则其造价为 $a \times$ 侧面积 $= a \times (\pi \times 直径 \times 高)$. 底面每平方米造价为 $3a$ 元,则其造价为 $3a \times$ 底面积 $= 3a \times (\pi \times 半径^2)$.

$$总造价 = 侧面造价 + 底面造价$$

按题目要求,求使总造价最低的高和半径,而高与半径有以下关系式:

$$体积 V = \pi \times 半径^2 \times 高 = 30$$

**解** 设容器的高为 $h$，底半径为 $r$，侧面每平方米的造价为 $a$ 元，总造价为 $y$，于是

$$y = a \cdot 2\pi rh + 3a\pi r^2, \quad 0 < h, r < +\infty$$

因为 $V = \pi r^2 h = 30$，解得 $h = \dfrac{30}{\pi r^2}$．将其代入总造价函数，得到

$$y = \frac{60a}{r} + 3a\pi r^2, \quad 0 < r < +\infty$$

$$y' = 6a\pi r - \frac{60a}{r^2}$$

令 $y' = 0$，得到 $r = \sqrt[3]{\dfrac{10}{\pi}} = 1.47$，且 $r = 1.47$ 是总造价函数在定义域内的唯一驻点．因此，

$r = 1.47$ 是总造价函数 $y$ 的极小值点，也是 $y$ 的最小值点．当 $r = 1.47$ 时，$h = \dfrac{30}{\pi r^2} = 4.42$.

由此可知，当圆柱的底半径为 1.47 m，高为 4.42 m 时，总造价最低．

**例 6** 货船所消耗的燃料费与其速度的平方成正比，若每小时航行 10 海里（1 海里 = 1 852 m）所消耗的燃料费为 25 元，其他费用为每小时 100 元，求使总费用最低的速度．

**分析** 求最大（小）值应用问题的关键是根据题意设置变量，建立函数关系．对一般应用问题，求出驻点后，如果在所考虑的定义域内驻点是唯一的，则该驻点即为所求的最大值点或最小值点，不必进行判别．

**解** 设货船的速度为每小时 $x$ 海里，共航行 $a$ 海里，总费用为 $C$ 元，则燃料费为

$$y = kx^2, \quad x > 0$$

由已知每小时航行 10 海里所消耗的燃料费为 25 元，得到

$$25 = k \times 10^2, \quad k = 0.25$$

每小时的燃料费为 $0.25x^2$，航行 $a$ 海里的燃料费为 $0.25x^2 \cdot \dfrac{a}{x} = 0.25ax$，其他费用为 $\dfrac{100a}{x}$.

于是总费用为

$$C(x) = 0.25ax + \frac{100a}{x}, \quad 0 < x < +\infty$$

因为

$$C'(x) = 0.25a - \frac{100a}{x^2},$$

令 $C'(x) = 0$，即

$$0.25a - \frac{100a}{x^2} = 0$$

得到 $x_1 = 20$，$x_2 = -20$（舍去）．这里，$x_1$ 是总费用函数 $C(x)$ 在定义域内的唯一驻点．因此，$x_1 = 20$ 是 $C(x)$ 的极小值点，也是 $C(x)$ 的最小值点．

由此可知，当货船的速度为每小时 20 海里时，总费用最低．

**例7** 某工厂生产某种商品，年产量为 $x$（单位：百台），总成本为 $C$（单位：万元），其中固定成本为 2 万元，而每生产 100 台，成本增加 1 万元．市场上每年可以销售此种商品 400 台，其销售收入 $R$ 是 $x$ 的函数，即

$$R(x) = \begin{cases} 4x - \dfrac{1}{2}x^2, & 0 \leqslant x \leqslant 4 \\ 8, & x > 4 \end{cases}$$

问年产量为多少时，其平均利润最大？

**分析** 要知道平均利润函数 $\dfrac{L(x)}{x}$，必须知道利润函数 $L(x)$，而利润函数 $L(x)$ ＝销售收入 $R(x)$ －成本函数 $C(x)$，其中 $R(x)$ 是已知的，$C(x)$ 是未知的．因此，确定 $C(x)$ 是最基本的．

**解** 因为固定成本为 2 万元，生产 $x$ 百台商品的变动成本为 $1 \cdot x$ 万元，所以总成本函数

$$C(x) = x + 2, \quad 0 \leqslant x < +\infty$$

由此可得利润函数为

$$L(x) = R(x) - C(x) = \begin{cases} 3x - \dfrac{1}{2}x^2 - 2, & 0 \leqslant x \leqslant 4 \\ 6 - x, & x > 4 \end{cases}$$

平均利润函数为

$$y(x) = \frac{L(x)}{x} = \begin{cases} 3 - \dfrac{1}{2}x - \dfrac{2}{x}, & 0 < x \leqslant 4 \\ \dfrac{6}{x} - 1, & x > 4 \end{cases}$$

又因为

$$y'(x) = \begin{cases} -\dfrac{1}{2} + \dfrac{2}{x^2}, & 0 < x \leqslant 4 \\ -\dfrac{6}{x^2}, & x > 4 \end{cases}$$

令 $y'(x) = 0$，得到 $x_1 = 2$，$x_2 = -2$（舍去）．这里，$x_1 = 2$ 是平均利润函数 $y(x)$ 的唯一驻点．因此，$x_1 = 2$ 是平均利润函数 $y(x)$ 的极大值点，也是 $y(x)$ 的最大值点．于是当年产量为 200 台时，其平均利润最大．

## 三、自测试题（60 分钟内完成）

**（一）单项选择题**

1. 下列函数中，在指定区间 $(-\infty, +\infty)$ 内单调增加的有（　　）.

　　A. $\sin x$　　　　　　B. $x^2$　　　　　　C. $e^x$　　　　　　D. $3 - x$

2. 下列结论中，正确的是（　　）.

A. $x_0$ 是 $f(x)$ 的极值点，且 $f'(x_0)$ 存在，则必有 $f'(x_0) = 0$

B. $x_0$ 是 $f(x)$ 的极值点，则 $x_0$ 必是 $f(x)$ 的驻点

C. 若 $f'(x_0) = 0$，则 $x_0$ 必是 $f(x)$ 的极值点

D. 使 $f'(x)$ 不存在的点 $x_0$ 一定是 $f(x)$ 的极值点

3. 设函数 $f(x)$ 满足以下条件：当 $x < x_0$ 时，$f'(x) > 0$；当 $x > x_0$ 时，$f'(x) < 0$，则 $x_0$ 必是函数 $f(x)$ 的（    ）.

    A. 驻点　　　　　　B. 极大值点　　　　　　C. 极小值点　　　　　　D. 不能确定

4. 若 $x_0$ 是可导函数 $f(x)$ 的极值点，则（    ）.

    A. $f(x)$ 在 $x_0$ 处极限不存在

    B. 点 $x_0$ 是 $f(x)$ 的驻点

    C. $f(x)$ 在点 $x_0$ 处可能不连续

    D. $f(x)$ 在点 $x_0$ 处无定义

5. 若 $f'(x_0) = 0$，则 $x_0$ 是函数 $f(x)$ 的（    ）.

    A. 极大值点　　　　　　B. 最大值点　　　　　　C. 极小值点　　　　　　D. 驻点

**（二）填空题**

1. 函数 $f(x) = x + \dfrac{1}{x}$ 在区间_____内是单调减少的.

2. 函数 $f(x) = \dfrac{1}{3}x^3 - x$ 在区间 $(0, 2)$ 内的驻点为 $x =$ _____.

3. 当 $x = 4$ 时，$y = x^2 + px + q$ 取得极值，则 $p =$ _____.

4. 若函数 $f(x)$ 在 $[a, b]$ 上恒有 $f'(x) < 0$，则 $f(x)$ 在 $[a, b]$ 上的最小值为_____.

5. 若某种商品的总收入 $R$ 是销售量 $q$ 的函数 $R(q) = 200q - 0.05q^2$，则当 $q = 100$ 时的边际收入 $R'(q) =$ _____.

**（三）判断题**

1. 若函数 $f(x)$ 在区间 $(a, b)$ 内恒有 $f'(x) > 0$，则 $f(x)$ 在 $(a, b)$ 内单调增加.

                                                        （    ）

2. 若导数 $f'(x)$ 在 $(a, b)$ 内单调减少，则函数 $f(x)$ 在 $(a, b)$ 内必是单调减少的.

                                                        （    ）

3. 若 $x_0$ 是 $f(x)$ 的极值点，则一定有 $f'(x_0) = 0$.                 （    ）

4. 区间 $[a, b]$ 上的单调函数在区间的两个端点处取得最大值和最小值.    （    ）

5. 若 $f(x)$ 在 $(a, b)$ 内有极大值和极小值，则 $f(x)$ 在 $(a, b)$ 内一定有最大值或最小值.                                          （    ）

**（四）计算题**

1. 设 $f(x) = \ln(1 + x^2)$ $(0 \leqslant x < +\infty)$.

（1）确定 $f(x)$ 在所给区间上的单调增减性；

（2）求 $f(x)$ 在所给区间上的最小值.

2. 已知 $x_1 = 2$，$x_2 = 1$ 都是函数 $y = a\ln x + bx^2 + x$ 的极值点，求 $a$，$b$ 的值.

3. 求函数 $f(x) = \sin x + \cos x$ 在区间 $[0, 2\pi]$ 上的最大值和最小值.

**（五）应用题**

1. 在半径为 $r$ 的半圆内做一个内接梯形，其底为半圆的直径，其他三边为半圆的弦. 问怎样做法，才能使梯形的面积最大？

2. 求曲线 $y^2 = x$ 上的点，使其到点 $A(3, 0)$ 的距离最短.

3. 某农场需要围建一个面积为 $512 \text{ m}^2$ 的矩形晒谷场，一条边可以利用原有的石条墙，其余三条边需砌石条墙，问晒谷场的长和宽各为多少，才能使石条墙材料用得最少？

# 第4章 不定积分与定积分

## 导言

积分是微分的逆运算. 本章将介绍一元函数的不定积分、定积分、无穷限积分等概念，讨论积分的计算.

## 学习目标

1. 理解原函数与不定积分的概念、性质，掌握积分基本公式.
2. 掌握用直接积分法、第一换元积分法和分部积分法求不定积分的方法.
3. 了解定积分的概念、性质，会计算一些简单的定积分.
4. 了解无穷限积分的概念，会计算一些简单的无穷限积分.

## 4.1 不定积分

### 4.1.1 原函数与不定积分的概念

**1. 原函数的定义**

在实际问题中常常会遇到微分学中求导数问题的反问题. 例如，在第 2 章导数概念的第一个引例"速率问题"中，已知路程函数 $S = S(t)$，则在 $t$ 时刻的速率为

$$v = S'(t)$$

反过来，如果已知汽车在每一时刻行驶的速率 $v$ 与时间 $t$ 的关系式，问行驶的路程 $S$ 与时间 $t$ 的关系式 $S = S(t)$. 又如，已知某曲线 $y = f(x)$ 在任意点 $x$ 处切线的斜率为 $2x$，问这是怎样一条曲线？

以上两个例子涉及的都是与微分学中求导数（或微分）相反的问题，即已知函数的导数（或微分），而所要求的函数的导数（或微分）必须是已知函数，称这样的函数为原

函数.

**定义 4.1**　设 $f(x)$ 是定义在区间 $D$ 上的函数, 若存在函数 $F(x)$, 使得对于区间 $D$ 上的任意 $x$, 均有

$$F'(x) = f(x) \left[ \text{或 } \mathrm{d}F(x) = f(x)\,\mathrm{d}x \right]$$

则称 $F(x)$ 为 $f(x)$ 在区间 $D$ 上的**原函数**[简称 $f(x)$ 的原函数].

由定义 4.1, $S(t)$ 是 $v = S'(t)$ 的原函数, 曲线 $y = x^2$ 是 $2x$ 的原函数. 又如, 因为 $(\cos x)' = -\sin x$, 所以 $\cos x$ 是 $-\sin x$ 的原函数; 因为 $(-\mathrm{e}^{-x})' = \mathrm{e}^{-x}$, 所以 $-\mathrm{e}^{-x}$ 是 $\mathrm{e}^{-x}$ 的原函数.

可以看到, 求已知函数 $f(x)$ 的原函数就是找这样一个函数 $F(x)$, 使得

$$F'(x) = f(x) \quad \text{或} \quad \mathrm{d}F(x) = f(x)\,\mathrm{d}x$$

细心的读者会发现, $\cos x$ 是 $-\sin x$ 的原函数, 而 $\cos x + 1$, $\cos x - \sqrt{3}$, $\cos x + C$ ($C$ 为任意常数) 也都是 $-\sin x$ 的原函数; 同样, $-\mathrm{e}^{-x} + 2$, $-\mathrm{e}^{-x} + C$ ($C$ 为任意常数) 也都是 $\mathrm{e}^{-x}$ 的原函数. 那么不禁要问, 函数 $f(x)$ 如果有原函数, 会有多少个呢? 回答是, 函数 $f(x)$ 如果有原函数, 则它的原函数有无穷多个, 而且这些原函数之间仅差一个常数. 实际上, 一方面, 如果 $F(x)$ 是 $f(x)$ 的原函数, 则

$$[F(x) + C]' = F'(x) = f(x), \quad C \text{ 为任意常数}$$

所以 $F(x) + C$ 也是 $f(x)$ 的原函数.

另一方面, 如果 $F(x)$ 和 $G(x)$ 都是 $f(x)$ 的原函数, 即 $F'(x) = G'(x) = f(x)$, 则有

$$[F(x) - G(x)]' = F'(x) - G'(x) = f(x) - f(x) = 0$$

说明 $F(x) - G(x) = C$, 即 $F(x) = G(x) + C$.

一般地, 若 $F(x)$ 是 $f(x)$ 的一个原函数, 则函数 $f(x)$ 的全部原函数就是

$$F(x) + C$$

**2. 不定积分的定义**

**定义 4.2**　函数 $f(x)$ 的全部原函数称为 $f(x)$ 的**不定积分**, 记作

$$\int f(x)\,\mathrm{d}x$$

其中, "$\int$" 称为积分号, $x$ 称为积分变量, $f(x)$ 称为被积函数, $f(x)\,\mathrm{d}x$ 称为被积表达式.

由定义 4.2 知, 如果 $F(x)$ 是 $f(x)$ 的一个原函数, 则

$$\int f(x)\,\mathrm{d}x = F(x) + C, \quad C \text{ 为任意常数}$$

其中 $C$ 称为积分常数. 再由前面原函数的结论知, 求函数 $f(x)$ 的不定积分, 只需求出 $f(x)$ 的一个原函数再加上积分常数 $C$. 因此, 前面提到的求原函数问题若表示为求不定积分, 则

$$\int 2x\,\mathrm{d}x = x^2 + C$$

$$\int \sin x\,\mathrm{d}x = -\cos x + C$$

$$\int e^{-x}dx = -e^{-x} + C$$

**例 4.1**　求 $\int x^2 dx$.

**解**　因为在 $(-\infty, +\infty)$ 内有 $\left(\dfrac{1}{3}x^3\right)' = x^2$，所以

$$\int x^2 dx = \frac{1}{3}x^3 + C$$

**例 4.2**　求 $\int \dfrac{1}{x}dx$.

**解**　当 $x > 0$ 时，$(\ln x)' = \dfrac{1}{x}$，所以

$$\int \frac{1}{x}dx = \ln x + C$$

当 $x < 0$ 时，$[\ln(-x)]' = \dfrac{1}{-x} \cdot (-1) = \dfrac{1}{x}$，所以

$$\int \frac{1}{x}dx = \ln(-x) + C$$

两种情形可以合并为

$$\int \frac{1}{x}dx = \ln|x| + C$$

**3. 不定积分的几何意义**

如果 $F(x)$ 是 $f(x)$ 的一个原函数，则 $F(x)$ 的图形称为 $f(x)$ 的**积分曲线**. 因为 $f(x)$ 的不定积分为 $\int f(x)dx = F(x) + C$（$C$ 为任意常数），这样，对于每一个确定的 $C$，$F(x) + C$ 也是 $f(x)$ 的一个原函数，$F(x) + C$ 的图形可以由曲线 $y = F(x)$ 沿 $y$ 轴上下平移得到. 因此，不定积分的几何意义是 $f(x)$ 的全部积分曲线所组成的积分曲线族，其表达式为

$$y = F(x) + C$$

又因为无论 $C$ 取何值，都有 $[F(x) + C]' = F'(x) = f(x)$，所以这簇曲线在所有横坐标 $x$ 相同的点处的切线彼此平行，即这些切线有相同的斜率 $f(x)$，如图 4-1 所示.

**例 4.3**　求过点 $(1, 2)$，且斜率为 $2x$ 的曲线方程.

**解**　设所求曲线方程为 $y = f(x)$，由已知，$f'(x) = 2x$，而 $x^2$ 是 $2x$ 的一个原函数，于是得到积分曲线簇为

$$y = \int 2x dx = x^2 + C \qquad\qquad (4-1)$$

又因为曲线过点 $(1, 2)$，所以将 $x = 1$，$y = 2$ 代入式 $(4-1)$，得到

$$2 = 1^2 + C$$

从而 $C = 1$. 故所求曲线方程为

$$y = x^2 + 1$$

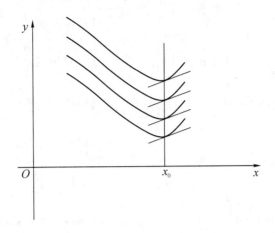

**图 4 – 1  积分曲线族**

## 4.1.2  不定积分的性质与积分基本公式

**1. 不定积分的性质**

根据不定积分的定义，可以直接得到不定积分的下列性质：

**性质 1**  不定积分与求导数（或微分）互为逆运算.

(1) $\left[\int f(x)\,\mathrm{d}x\right]' = f(x)$ 或 $\mathrm{d}\left[\int f(x)\,\mathrm{d}x\right] = f(x)\,\mathrm{d}x$；

(2) $\int f'(x)\,\mathrm{d}x = f(x) + C$ 或 $\int \mathrm{d}f(x) = f(x) + C$.

也就是说，对于函数先求不定积分再求导数（或微分），结果等于被积函数（或被积表达式）；而先求导数（或微分）再求不定积分的结果与这个函数只相差一个积分常数.

**性质 2**  被积表达式中的非零常数因子可以移到积分号之前，即

$$\int kf(x)\,\mathrm{d}x = k\int f(x)\,\mathrm{d}x, \quad k \neq 0$$

**性质 3**  两个函数代数和的不定积分等于其不定积分的代数和，即

$$\int [f(x) \pm g(x)]\,\mathrm{d}x = \int f(x)\,\mathrm{d}x \pm \int g(x)\,\mathrm{d}x$$

性质 3 可以推广到有限多个函数的代数和的情形，即

$$\int [f_1(x) \pm f_2(x) \pm \cdots \pm f_n(x)]\,\mathrm{d}x = \int f_1(x)\,\mathrm{d}x \pm \int f_2(x)\,\mathrm{d}x \pm \cdots \pm \int f_n(x)\,\mathrm{d}x$$

**2. 积分基本公式**

因为不定积分是求导的逆运算，所以根据导数基本公式就可以对应地得到积分基本公式.

| 积分基本公式表 | 导数基本公式表 |
|---|---|
| (1) $\int 0\mathrm{d}x = C$ | $(C)' = 0$ |
| (2) $\int x^{\alpha}\mathrm{d}x = \dfrac{1}{\alpha+1}x^{\alpha+1} + C\ (\alpha \neq -1)$ | $(x^{\alpha})' = \alpha x^{\alpha-1}$ |
| (3) $\int \dfrac{1}{x}\mathrm{d}x = \ln|x| + C\ (\alpha = -1)$ | $(\ln x)' = \dfrac{1}{x}$ |
| (4) $\int a^{x}\mathrm{d}x = \dfrac{a^{x}}{\ln a} + C$ | $(a^{x})' = a^{x}\ln a$ |
| (5) $\int \mathrm{e}^{x}\mathrm{d}x = \mathrm{e}^{x} + C$ | $(\mathrm{e}^{x})' = \mathrm{e}^{x}$ |
| (6) $\int \sin x\mathrm{d}x = -\cos x + C$ | $(\cos x)' = -\sin x$ |
| (7) $\int \cos x\mathrm{d}x = \sin x + C$ | $(\sin x)' = \cos x$ |
| (8) $\int \dfrac{1}{\cos^{2}x}\mathrm{d}x = \tan x + C$ | $(\tan x)' = \dfrac{1}{\cos^{2}x}$ |
| (9) $\int \dfrac{1}{\sin^{2}x}\mathrm{d}x = -\cot x + C$ | $(\cot x)' = -\dfrac{1}{\sin^{2}x}$ |

上面的 9 个积分基本公式是计算不定积分的基础，必须熟记并熟练应用．利用积分基本公式和不定积分的性质，可以直接计算一些函数的不定积分，这种方法一般称为直接积分法．

**例 4.4**　求 $\int\left(\dfrac{1}{x} + 2^{x}\right)\mathrm{d}x$．

**解**　利用积分运算性质和积分基本公式（3）、（4）有

$$\int\left(\frac{1}{x} + 2^{x}\right)\mathrm{d}x = \int\frac{1}{x}\mathrm{d}x + \int 2^{x}\mathrm{d}x = \ln|x| + \frac{2^{x}}{\ln 2} + C$$

**例 4.5**　求 $\int \sqrt{x}(3 - x^{2})\mathrm{d}x$．

**解**　因为 $\sqrt{x}(3 - x^{2}) = 3x^{\frac{1}{2}} - x^{\frac{5}{2}}$，所以

$$\int \sqrt{x}(3 - x^{2})\,\mathrm{d}x = 3\int x^{\frac{1}{2}}\mathrm{d}x - \int x^{\frac{5}{2}}\mathrm{d}x$$

$$= 3 \times \frac{1}{\frac{1}{2}+1}x^{\frac{1}{2}+1} - \frac{1}{\frac{5}{2}+1}x^{\frac{5}{2}+1} + C$$

$$= 2x\sqrt{x} - \frac{2}{7}x^{3}\sqrt{x} + C$$

**例 4.6**　求 $\int \dfrac{(1-x)^{2}}{x^{2}}\mathrm{d}x$．

**解** 因为 $\dfrac{(1-x)^2}{x^2} = \dfrac{1-2x+x^2}{x^2} = \dfrac{1}{x^2} - \dfrac{2}{x} + 1$ ，所以

$$\int \frac{(1-x)^2}{x^2}\mathrm{d}x = \int \left(\frac{1}{x^2} - \frac{2}{x} + 1\right)\mathrm{d}x = \int \frac{1}{x^2}\mathrm{d}x - 2\int \frac{1}{x}\mathrm{d}x + \int \mathrm{d}x$$

$$= \frac{1}{-2+1}x^{-2+1} - 2\ln|x| + x + C$$

$$= -\frac{1}{x} - 2\ln|x| + x + C$$

**例 4.7** 求 $\displaystyle\int \left(3\sin x + \frac{\mathrm{e}^x}{2^x} - 4\right)\mathrm{d}x.$

**解** 利用指数运算性质， $\dfrac{\mathrm{e}^x}{2^x} = \left(\dfrac{\mathrm{e}}{2}\right)^x$ ，于是利用积分运算性质和积分基本公式，有

$$\int \left(3\sin x + \frac{\mathrm{e}^x}{2^x} - 4\right)\mathrm{d}x = 3\int \sin x\mathrm{d}x + \int \left(\frac{\mathrm{e}}{2}\right)^x\mathrm{d}x - 4\int \mathrm{d}x$$

$$= -3\cos x + \frac{\left(\dfrac{\mathrm{e}}{2}\right)^x}{1 - \ln 2} - 4x + C$$

**例 4.8** 求 $\displaystyle\int \tan^2 x\mathrm{d}x.$

**解** 因为 $\tan^2 x = \dfrac{\sin^2 x}{\cos^2 x} = \dfrac{1 - \cos^2 x}{\cos^2 x} = \dfrac{1}{\cos^2 x} - 1$ ，所以

$$\int \tan^2 x\mathrm{d}x = \int \left(\frac{1}{\cos^2 x} - 1\right)\mathrm{d}x = \int \frac{1}{\cos^2 x}\mathrm{d}x - \int \mathrm{d}x$$

$$= \tan x - x + C$$

**本节关键词** 原函数　不定积分

## 练习 4.1

1. 验证函数 $F(x) = x(\ln x - 1)$ 是 $f(x) = \ln x$ 的原函数.

2. 求函数 $f(x) = 2x - 1$ 的全部原函数的一般表达式.

3. 求下列函数的不定积分：

(1) $\displaystyle\int \frac{1}{x\sqrt{x}}\mathrm{d}x$ ；

(2) $\displaystyle\int 3^x\mathrm{d}x$ ；

(3) $\displaystyle\int \frac{1}{\sin^2 x}\,\mathrm{d}x$ ；

(4) $\displaystyle\int 2\mathrm{d}x.$

4. 求下列函数的不定积分：

(1) $\displaystyle\int x(x-1)\mathrm{d}x$ ；

(2) $\displaystyle\int \frac{(x+1)^2}{x^2}\mathrm{d}x$ ；

（3）$\int \dfrac{x^2 - 1}{x - 1}\mathrm{d}x$ ；

（4）$\int (1 + \sqrt{x})\left(1 - \dfrac{1}{\sqrt{x}}\right)\mathrm{d}x$ ；

（5）$\int \dfrac{2 \cdot 3^x - 3 \cdot 2^x}{5^x}\mathrm{d}x$ ；

（6）$\int \mathrm{e}^x(3^x - 2\mathrm{e}^{-x})\mathrm{d}x$ ；

（7）$\int \cot^2 x \mathrm{d}x$ ；

（8）$\int \dfrac{\cos 2x}{\cos x + \sin x}\mathrm{d}x$ . （$\cos 2x = \cos^2 x - \sin^2 x$）

5. 已知曲线 $y = F(x)$ 在任意点 $x$（$x > 0$）处的切线斜率为 $\dfrac{1}{\sqrt{x}} + 1$，且曲线过点（1，5），求该曲线方程.

## 4.2  换元积分法和分部积分法

从 4.1 节可以看到，利用直接积分法求不定积分所能解决的问题是非常有限的. 例如，不定积分

$$\int \sin 2x \mathrm{d}x, \quad \int \mathrm{e}^{-x}\mathrm{d}x, \quad \int \ln x \mathrm{d}x$$

就无法直接用积分运算性质和积分基本公式求出. 为此，本节将分别介绍不定积分的第一换元积分法（凑微分法）和分部积分法.

### 4.2.1  第一换元积分法（凑微分法）

换元积分法是把复合函数求导法则反过来进行，通过适当的变量替换（换元），把所求不定积分中的被积函数转化成积分基本公式表中所列函数的形式，再计算出最终结果.

例如，对于不定积分 $\int \sin 2x \mathrm{d}x$，不可以直接用积分基本公式 $\int \sin x \mathrm{d}x = -\cos x + C$ 来计算，其原因是被积函数 $\sin 2x$ 是复合函数，$y = \sin u$，$u = 2x$，假如以 $u$ 为积分变量，则 $\mathrm{d}u = 2\mathrm{d}x$，解出 $\mathrm{d}x = \dfrac{1}{2}\mathrm{d}u$，于是

$$\int \sin 2x \mathrm{d}x = \int \sin u \cdot \dfrac{1}{2}\mathrm{d}u = \dfrac{1}{2}\int \sin u \mathrm{d}u$$

而在 4.1 节积分基本公式表中的每一个公式，当用其他变量替代 $x$ 时仍然是成立的，即有

$$\int \sin u \mathrm{d}u = -\cos u + C$$

因此，有

$$\int \sin 2x \mathrm{d}x = -\dfrac{1}{2}\cos u + C = -\dfrac{1}{2}\cos 2x + C$$

可以注意到，求解过程是将积分 $\int \sin 2x \mathrm{d}x$ 转化为积分 $\int \sin 2x \mathrm{d}(2x)$ 进行的，而后一个积分是以 $2x$ 为积分变量的，故可视 $u = 2x$，利用积分基本公式求出结果. 那么如何将后一个积分与前一个积分相联系呢? 这正是解题的关键. 实际上，我们采取了改变积分变量的方法求积分，即 $\mathrm{d}x = \dfrac{1}{2} \cdot 2 \mathrm{d}x = \dfrac{1}{2} \mathrm{d}(2x)$，而在 $\mathrm{d}x$ 前面乘的 2 是为了将 $\mathrm{d}x$ 变为 $\mathrm{d}(2x)$ "凑"上去的，式子中添加的因子 $\dfrac{1}{2}$ 完全是为了使前后两个积分相等. 这种积分方法称为第一换元积分法，也称凑微分法.

**定理 4.1**（第一换元积分法）　设

$$\int f(u) \mathrm{d}u = F(u) + C$$

则有

$$\int f[\varphi(x)] \varphi'(x) \mathrm{d}x = F[\varphi(x)] + C \qquad (4-2)$$

其中 $\varphi(x)$ 为可微函数.

**证**　只需证明式（4-2）右端函数的导数等于左端的被积函数.

记 $u = \varphi(x)$，则有

$$\{F[\varphi(x)] + C\}' = F'(u)\varphi'(x) = f[\varphi(x)]\varphi'(x)$$

因此，式（4-2）成立.

第一换元积分法的思想如下: 在不定积分 $\int f(x) \mathrm{d}x$ 中，若 $f(x)$ 可以变形为 $f_1[\varphi(x)]\varphi'(x)$，而函数 $f_1(u)$ 的原函数 $F(u)$ 又比较容易得出，则可以用 $u = \varphi(x)$ 对原式进行换元，这时相应地有 $\mathrm{d}u = \varphi'(x)\mathrm{d}x$，于是有

$$\int f(x) \mathrm{d}x = \int f_1[\varphi(x)]\varphi'(x)\mathrm{d}x = \int f_1[\varphi(x)]\mathrm{d}\varphi(x)$$

$$\xlongequal{\text{换元}} \int f_1(u)\mathrm{d}u \xlongequal{\text{求积分}} F(u) + C$$

$$\xlongequal{\text{还原}} F[\varphi(x)] + C$$

注意: 将 $f(x)$ 变形为 $f_1[\varphi(x)]\varphi'(x)$ 是学习中的一个难点，其困难之处是经常要"凑"上 $\varphi'(x)$. 实际上，对于换元积分法的掌握基于我们对积分基本公式的熟悉，以及对复合函数分解的熟练，同时，还要会将微分公式反过来用.

**例 4.9**　求 $\int \dfrac{1}{\sqrt{2x-1}} \mathrm{d}x$.

**解**　被积函数可以写成 $(2x-1)^{-\frac{1}{2}}$，若令 $u = 2x-1$，可以利用积分基本公式 $\int u^{\alpha} \mathrm{d}u = \dfrac{1}{\alpha+1} u^{\alpha+1} + C$ 对变量 $u$ 求解.

令 $u = 2x - 1$，则 $\mathrm{d}u = 2\mathrm{d}x$，即 $\mathrm{d}x = \dfrac{1}{2}\mathrm{d}u$. 于是

$$\int \frac{1}{\sqrt{2x-1}}\,\mathrm{d}x = \int u^{-\frac{1}{2}}\frac{1}{2}\mathrm{d}u = \frac{1}{2} \times 2u^{\frac{1}{2}} + C$$

$$= \sqrt{2x-1} + C$$

**例 4. 10**　求 $\displaystyle\int \mathrm{e}^x (1 + \mathrm{e}^x)^5 \mathrm{d}x$.

**解**　将被积函数看成复合函数 $u^5$，$u = 1 + \mathrm{e}^x$，利用积分基本公式 $\displaystyle\int u^\alpha \mathrm{d}u = \frac{1}{\alpha+1}u^{\alpha+1} + C$ 对变量 $u$ 求解.

令 $u = 1 + \mathrm{e}^x$，而 $\mathrm{e}^x\mathrm{d}x = \mathrm{d}\mathrm{e}^x = \mathrm{d}(\mathrm{e}^x + 1) = \mathrm{d}u$，于是

$$\int \mathrm{e}^x (1 + \mathrm{e}^x)^5 \mathrm{d}x = \int u^5 \mathrm{d}u = \frac{1}{6}u^6 + C$$

$$= \frac{1}{6}(1 + \mathrm{e}^x)^6 + C$$

**例 4. 11**　求 $\displaystyle\int \frac{\sin\sqrt{x}}{\sqrt{x}}\,\mathrm{d}x$.

**解**　将被积函数看成复合函数 $\sin u$，$u = \sqrt{x}$，利用积分基本公式 $\displaystyle\int \sin u\,\mathrm{d}u = -\cos u + C$ 对变量 $u$ 求解.

令 $u = \sqrt{x}$，而 $\dfrac{1}{\sqrt{x}}\,\mathrm{d}x = 2\mathrm{d}\sqrt{x} = 2\mathrm{d}u$，于是

$$\int \frac{\sin\sqrt{x}}{\sqrt{x}}\mathrm{d}x = \int \sin u \cdot 2\mathrm{d}u = -2\cos u + C$$

$$= -2\cos\sqrt{x} + C$$

**例 4. 12**　求 $\displaystyle\int \tan x\,\mathrm{d}x$.

**解**　因为 $\tan x = \dfrac{\sin x}{\cos x}$，所以将被积函数看成复合函数 $\dfrac{1}{u}$，$u = \cos x$，利用积分基本公式 $\displaystyle\int \frac{1}{u}\mathrm{d}u = \ln|u| + C$ 对变量 $u$ 求解.

令 $u = \cos x$，而 $\sin x\mathrm{d}x = -\mathrm{d}(\cos x) = -\mathrm{d}u$，于是

$$\int \tan x\,\mathrm{d}x = \int \frac{1}{u}(-1)\mathrm{d}u = -\ln|u| + C$$

$$= -\ln|\cos x| + C$$

**例 4. 13**　求 $\displaystyle\int 2x\mathrm{e}^{-x^2}\mathrm{d}x$.

**解**　将被积函数看成复合函数 $e^u$，$u = -x^2$，利用积分基本公式 $\int e^u \mathrm{d}u = e^u + C$ 对变量 $u$ 求解．

令 $u = -x^2$，而 $2x\mathrm{d}x = \mathrm{d}x^2 = -\mathrm{d}(-x^2) = -\mathrm{d}u$，于是

$$\int 2xe^{-x^2}\mathrm{d}x = \int e^u(-\mathrm{d}u) = -e^u + C$$
$$= -e^{-x^2} + C$$

在对运算熟练之后，可以省去以上"视 $u(x) = u$"和"还原 $u = u(x)$"的过程，而直接凑微分．但是在心里要清楚是在对谁求不定积分．例如，例 4.9 和例 4.13 可以分别写为

$$\int \frac{1}{\sqrt{2x-1}}\,\mathrm{d}x = \frac{1}{2}\int \frac{1}{\sqrt{2x-1}}\,\mathrm{d}(2x-1)$$
$$= \frac{1}{2} \times 2\sqrt{2x-1} + C = \sqrt{2x-1} + C$$

$$\int 2xe^{-x^2}\mathrm{d}x = -\int e^{-x^2}(-2x)\mathrm{d}x = -\int e^{-x^2}\mathrm{d}(-x^2)$$
$$= -e^{-x^2} + C$$

## 4.2.2　分部积分法

到目前为止，已经介绍了不定积分的直接积分法和第一换元积分法，但是还有一些不定积分，如 $\int xe^x\mathrm{d}x$，$\int \ln x\mathrm{d}x$ 等，是不能用上述方法求解的．为此，再介绍一种常用的积分方法——分部积分法．

分部积分法实际上是两个函数乘积的导数的逆运算．

**定理 4.2**（分部积分法）　设 $u = u(x)$，$v = v(x)$ 都是连续可微函数，则有积分公式

$$\int u(x)v'(x)\mathrm{d}x = u(x)v(x) - \int v(x)u'(x)\mathrm{d}x \qquad (4-3)$$

或

$$\int u(x)\mathrm{d}v(x) = u(x)v(x) - \int v(x)\mathrm{d}u(x) \qquad (4-4)$$

**证**　因为 $u = u(x)$，$v = v(x)$ 都是连续可微函数，由导数的乘法法则，有

$$[u(x)v(v)]' = u'(x)v(x) + u(x)v'(x)$$

即

$$u(x)v'(x) = [u(x)v(v)]' - u'(x)v(x) \qquad (4-5)$$

对式（4-5）两边积分可得

$$\int u(x)v'(x)\mathrm{d}x = u(x)v(x) - \int v(x)u'(x)\mathrm{d}x$$

即式 (4-3) 成立.

式 (4-3) 和式 (4-4) 称为不定积分的**分部积分公式**. 对于它, 要说明两点:

(1) 从形式上来看, 式 (4-3) 是将 $u(x)v'(x)$ 的不定积分转化为 $u'(x)v(x)$ 的不定积分, 但正是这个转换, 使得许多积分问题迎刃而解.

(2) 由式 (4-3) 的形式还可以看出, 分部积分主要是处理两个函数乘积的不定积分问题, 在具体使用中, 正确选择 $u(x)$ 和 $v'(x)$ 是解题的关键之一.

下面举例说明分部积分法的使用.

**例 4.14**　求 $\int x\mathrm{e}^x\mathrm{d}x$.

**解**　设 $u = x$, $v' = \mathrm{e}^x$, 则 $v = \mathrm{e}^x$. 由分部积分公式, 有

$$\int x\mathrm{e}^x\mathrm{d}x = x\mathrm{e}^x - \int \mathrm{e}^x(x)'\mathrm{d}x$$

$$= x\mathrm{e}^x - \int \mathrm{e}^x\mathrm{d}x$$

$$= x\mathrm{e}^x - \mathrm{e}^x + C$$

如果换一种选取方法, 设 $u = \mathrm{e}^x$, $v' = x$, 则 $v = \dfrac{1}{2}x^2$. 由分部积分公式, 有

$$\int x\mathrm{e}^x\mathrm{d}x = \frac{1}{2}x^2\mathrm{e}^x - \frac{1}{2}\int x^2(\mathrm{e}^x)'\mathrm{d}x = \frac{1}{2}x^2\mathrm{e}^x - \frac{1}{2}\int x^2\mathrm{e}^x\mathrm{d}x$$

这时, 右边积分被积函数中的 $x$ 变成了 $x^2$, 使得积分变得更复杂, 说明这样的选取是错误的. 实际上, 利用分部积分法求积分时, 正确地选择 $u$ 和 $v'$ 是非常关键的. 一般地, 应把握下面两点:

(1) 选作 $v'$ 的函数要容易找到原函数 $v$.

(2) $\int vu'\mathrm{d}x$ 要比 $\int uv'\mathrm{d}x$ 更容易求积分.

**例 4.15**　求 $\int x\ln x\mathrm{d}x$.

**解**　因为 $\ln x$ 不能直接写出其原函数, 所以不能设为 $v'$, 故设 $u = \ln x$, $v' = x$, 则 $v = \dfrac{1}{2}x^2$. 利用分部积分公式, 有

$$\int x\ln x\mathrm{d}x = \frac{1}{2}x^2\ln x - \frac{1}{2}\int x^2(\ln x)'\mathrm{d}x$$

$$= \frac{1}{2}x^2\ln x - \frac{1}{2}\int x^2 \cdot \frac{1}{x}\mathrm{d}x$$

$$= \frac{1}{2}x^2\ln x - \frac{1}{4}x^2 + C$$

**例 4.16**　求 $\int x\sin 2x\mathrm{d}x$.

**解**　设 $u = x$，$v' = \sin 2x$，则 $v = -\dfrac{1}{2}\cos 2x$. 利用分部积分公式，有

$$\int x\sin 2x\mathrm{d}x = -\frac{1}{2}x\cos 2x + \frac{1}{2}\int\cos 2x\mathrm{d}x$$

$$= -\frac{1}{2}x\cos 2x + \frac{1}{4}\sin 2x + C$$

**例 4.17**　求 $\int x^2\cos\dfrac{x}{3}\mathrm{d}x$.

**解**　设 $u = x^2$，$v' = \cos\dfrac{x}{3}$，则 $v = 3\sin\dfrac{x}{3}$. 利用分部积分公式，有

$$\int x^2\cos\frac{x}{3}\mathrm{d}x = 3x^2\sin\frac{x}{3} - 6\int x\sin\frac{x}{3}\mathrm{d}x$$

注意到右端的积分仍不能立即求出，但是已经比原来的积分 $\int x^2\cos\dfrac{x}{3}\mathrm{d}x$ 要简单，被积函数中 $x$ 的幂次降低了，再使用一次分部积分公式就可得出结果.

设 $u = x$，$v' = \sin\dfrac{x}{3}$，则 $v = -3\cos\dfrac{x}{3}$. 于是

$$\int x\sin\frac{x}{3}\mathrm{d}x = -3x\cos\frac{x}{3} + 3\int\cos\frac{x}{3}\mathrm{d}x$$

$$= -3x\cos\frac{x}{3} + 9\sin\frac{x}{3} + C$$

代入原式得到

$$\int x^2\cos\frac{x}{3}\mathrm{d}x = 3x^2\sin\frac{x}{3} + 18x\cos\frac{x}{3} - 54\sin\frac{x}{3} + C$$

**例 4.18**　求 $\int\ln(x+1)\mathrm{d}x$.

**解**　将被积函数视为 $\ln(x+1)\cdot 1$，设 $u = \ln(x+1)$，$v' = 1$，则 $v = x$. 利用分部积分公式，有

$$\int\ln(x+1)\mathrm{d}x = x\ln(x+1) - \int\frac{x}{x+1}\mathrm{d}x$$

$$= x\ln(x+1) - \int\frac{x+1-1}{x+1}\mathrm{d}x$$

$$= x\ln(x+1) - \int\mathrm{d}x + \int\frac{1}{x+1}\mathrm{d}x$$

$$= x\ln(x+1) - x + \ln(x+1) + C$$

**本节关键词**　第一换元积分法　分部积分法

**练习 4.2**

1. 求下列函数的不定积分：

(1) $\int (1-2x)^{10}\mathrm{d}x$ ；

(2) $\int \mathrm{e}^{-x}\mathrm{d}x$ ；

(3) $\int \dfrac{1+\ln x}{x}\mathrm{d}x$ ；

(4) $\int \dfrac{\cos\frac{1}{x}}{x^2}\mathrm{d}x$ ；

(5) $\int \cot x\mathrm{d}x$ ；

(6) $\int \dfrac{1}{x\ln x}\mathrm{d}x$ ；

(7) $\int \dfrac{x}{\sqrt{1-x^2}}\mathrm{d}x$ ；

(8) $\int \dfrac{\mathrm{e}^x}{(1+\mathrm{e}^x)^2}\mathrm{d}x$ .

2. 求下列函数的不定积分：

(1) $\int x\mathrm{e}^{2x}\mathrm{d}x$ ；

(2) $\int x\ln(x-1)\mathrm{d}x$ ；

(3) $\int (x+1)\sin 2x\mathrm{d}x$ ；

(4) $\int x\cos\dfrac{x}{2}\mathrm{d}x$ .

## 4.3 定　积　分

一元函数积分学有两个基本问题：一个是作为导数的逆运算引入的不定积分；另一个就是本节将要介绍的定积分．定积分的概念来源于实际问题，它在几何、物理和科学技术等许多领域都有广泛的应用．

### 4.3.1 定积分的概念

**定义 4.3**　设函数 $f(x)$ 在区间 $[a,b]$ 上连续，$F(x)$ 是 $f(x)$ 的一个原函数，数值
$$F(b)-F(a)$$

称为 $f(x)$ 在 $[a,b]$ 上的**定积分**［或称为 $f(x)$ 从 $a$ 到 $b$ 的定积分］，记为 $\int_a^b f(x)\mathrm{d}x$ ，即

$$\int_a^b f(x)\mathrm{d}x = F(b)-F(a) = F(x)\Big|_a^b \tag{4-6}$$

其中 $f(x)$ 称为**被积函数**，$x$ 称为**积分变量**，数 $a$ 和 $b$ 分别称为积分的**下限**和**上限**，$[a,b]$ 称为**积分区间**．

式（4-6）称为微积分基本公式，也称为牛顿－莱布尼茨（Newton-Leibniz）公式，

简称 N – L 公式.

由定义4.3可以看到,定积分与不定积分是不同的. 定积分是一个确定的数值,而不定积分是已知函数的全部原函数,即为无穷多个函数. 然而,定积分与不定积分又是紧密相连的, 函数 $f(x)$ 在区间 $[a, b]$ 上的定积分 $\int_a^b f(x)\mathrm{d}x$ 的值决定于它的一个原函数 $F(x)$ 在 $a$ 和 $b$ 两点处的函数值之差, 即 $F(b) - F(a)$.

对定积分的有关概念,需要说明以下几点:

(1) 由 N – L 公式知,定积分 $\int_a^b f(x)\mathrm{d}x$ 的值与被积函数 $f(x)$、积分变量 $x$ 和积分区间 $[a, b]$ 有关,与积分变量所选取的字母无关,即

$$\int_a^b f(x)\mathrm{d}x = \int_a^b f(u)\mathrm{d}u = \int_a^b f(t)\mathrm{d}t$$

(2) 在计算定积分 $\int_a^b f(x)\mathrm{d}x$ 时,选取哪一个原函数是无关紧要的.

事实上,如果 $F(x)$ 和 $G(x)$ 都是 $f(x)$ 的原函数,由 4.1 节的结论知,这两个原函数之间仅相差一个常数,即

$$F(x) = G(x) + C$$

因此,

$$\int_a^b f(x)\mathrm{d}x = F(b) - F(a) = [G(b) + C] - [G(a) + C]$$
$$= G(b) - G(a)$$

(3) 对于任意一点 $x_0 \in [a, b]$,由 N – L 公式,

$$\int_a^{x_0} f(x)\mathrm{d}x = F(x)\Big|_a^{x_0} = F(x_0) - F(a)$$

可见,定积分 $\int_a^{x_0} f(x)\mathrm{d}x$ 的值是随上限 $x_0$ 变动的,从而对任意变动的点 $x \in [a, b]$,变上限定积分

$$\int_a^x f(t)\mathrm{d}t = F(x)\Big|_a^x = F(x) - F(a)$$

是 $x$ 的函数,且由

$$\left[\int_a^x f(t)\mathrm{d}t\right]' = [F(x) - F(a)]' = F'(x) = f(x)$$

可知, $\int_a^x f(t)\mathrm{d}t$ 也是 $f(x)$ 的一个原函数.

(4) 为讨论方便起见,规定

$$\int_a^b f(x)\mathrm{d}x = -\int_b^a f(x)\mathrm{d}x$$

$$\int_a^a f(x)\mathrm{d}x = 0$$

**例 4.19** 计算下列定积分：

(1) $\int_0^1 x^2 \mathrm{d}x$ ;

(2) $\int_0^{\frac{\pi}{2}} \sin x \mathrm{d}x$ .

**解** （1）显然，$x^2$ 的原函数为 $\frac{1}{3} x^3$，所以由 N-L 公式，得到

$$\int_0^1 x^2 \mathrm{d}x = \frac{1}{3} x^3 \Big|_0^1 = \frac{1}{3} \times (1^3 - 0^3) = \frac{1}{3}$$

（2）$\sin x$ 的一个原函数是 $-\cos x$，故由 N-L 公式，得到

$$\int_0^{\frac{\pi}{2}} \sin x \mathrm{d}x = -\cos x \Big|_0^{\frac{\pi}{2}} = -\left( \cos \frac{\pi}{2} - \cos 0 \right) = 1$$

**例 4.20** 求变上限定积分

$$\int_0^x \frac{1}{\sqrt{1-t^2}} \mathrm{d}t, \quad x < 1$$

的导数.

**解** 由上述说明（3）可知，变上限定积分的本身即为被积函数的一个原函数，所以

$$\left( \int_0^x \frac{1}{\sqrt{1-t^2}} \mathrm{d}t \right)' = \frac{1}{\sqrt{1-x^2}}$$

从微积分的发展史来看，积分学思想的出现远早于微分学思想．积分学思想源于计算曲边梯形的面积、旋转体的体积、变速运动的路程；而微分学思想源于求切线、瞬时速度等问题．牛顿和莱布尼茨最大的功绩是将两个表面上毫无联系的问题联系起来：一个是求切线问题，另一个是求面积和体积问题，联系两者的桥梁就是今天的 N-L 公式或者说"微积分基本定理"，即式（4-6）.

式（4-6）是微积分创立时期最辉煌的成果．但是，牛顿和莱布尼茨在得到这个公式时所采用的方法是很不严格的，严重依赖几何直观．这一点并不奇怪，因为要给出这个公式的严格证明，必须使用极限、连续、收敛等概念，而这些概念直到 19 世纪才建立起来．微积分理论的严格化工作主要是由柯西（Cauchy）、戴德金（Dedekind）、康托（Cantor）、维尔斯特拉斯（Weierstrass）等一起完成的．可以说，微积分于 16 世纪初创，到 17 世纪辉煌发展，但是其严格基础的建立直到 19 世纪才完成.

N-L 公式的严格证明必须建立在严格的函数、极限、收敛理论的基础上．这个公式可以理解为求区间 $[a, b]$ 上的曲边梯形的面积．为了得到精确的面积，需要对区间进行分割，然后用小矩形的面积近似小曲边梯形的面积，再对所有小矩形的面积进行求和，最后利用极限理论来证明，随着分割的不断加细，这个和式趋于面积的精确值．这个证明过程可以用如下公式给出一个简单说明：

$$\int_a^b f(x) \mathrm{d}x = \lim_{n \to \infty} \sum_{i=1}^n f(\xi_i) \Delta x_i$$

其中 $\xi_i$ 是第 $i$ 个分割小区间 $[a_{i-1}, a_i]$ 上的一点．这里只是一个粗略的说明，关于微积分的历史可以看任何一本数学史方面的书，关于定积分概念的严格建立和 N–L 公式的严格证明可以参阅任何一本《数学分析》教材．

### 4.3.2　定积分的性质

为了便于定积分的计算，下面列出定积分的一些简单性质．

设 $f(x)$，$g(x)$ 在区间 $[a, b]$ 上连续，则有如下性质：

**性质 1**　$\displaystyle\int_a^b [f(x) \pm g(x)] \mathrm{d}x = \int_a^b f(x)\mathrm{d}x \pm \int_a^b g(x)\mathrm{d}x$.

**性质 2**　$\displaystyle\int_a^b kf(x)\mathrm{d}x = k\int_a^b f(x)\mathrm{d}x$（$k$ 为常数）.

**性质 3**　$\displaystyle\int_a^b f(x)\mathrm{d}x = \int_a^c f(x)\mathrm{d}x + \int_c^b f(x)\mathrm{d}x$（$a < c < b$）.

性质 1 和性质 2 与不定积分的性质类似，性质 3 也称为定积分的积分区间可加性．对于分段函数，求定积分时常要用到这个性质．

**例 4.21**　计算下列定积分：

（1）$\displaystyle\int_0^2 (\sqrt{x} + \mathrm{e}^x)\mathrm{d}x$；

（2）$\displaystyle\int_0^2 |x - 1|\mathrm{d}x$.

**解**　（1）由性质 1，

$$\int_0^2 (\sqrt{x} + \mathrm{e}^x)\mathrm{d}x = \int_0^2 \sqrt{x}\,\mathrm{d}x + \int_0^2 \mathrm{e}^x\mathrm{d}x$$

$$= \frac{2}{3}x^{\frac{3}{2}}\Big|_0^2 + \mathrm{e}^x\Big|_0^2 = \frac{4\sqrt{2}}{3} + \mathrm{e}^2 - 1$$

（2）被积函数是分段函数 $f(x) = |x - 1| = \begin{cases} 1 - x, & x \leqslant 1, \\ x - 1, & x > 1, \end{cases}$ 且分段点 $x = 1$ 在区间 $[0, 2]$ 上，利用性质 3，得到

$$\int_0^2 |x - 1|\mathrm{d}x = \int_0^1 (1 - x)\mathrm{d}x + \int_1^2 (x - 1)\mathrm{d}x$$

$$= \left(x - \frac{x^2}{2}\right)\Big|_0^1 + \left(\frac{x^2}{2} - x\right)\Big|_1^2 = 1$$

### 4.3.3　定积分的计算

由前面的介绍知，计算定积分需先计算相应的不定积分 $\displaystyle\int f(x)\mathrm{d}x$，求出被积函数 $f(x)$

的一个原函数，再求这个原函数在积分上、下限的函数值之差，便可得到定积分的值．因此，不定积分的计算是定积分计算的基础，在不定积分计算中，有些函数需要用换元积分法和分部积分法求原函数，相应地，在定积分中也就有换元积分法和分部积分法．

**1. 定积分的换元积分法**

先来看一个例子．

**例 4.22**　计算 $\int_0^{\ln2} e^x(e^x+1)^2 \mathrm{d}x$ ．

**解**　由不定积分的第一换元积分法，有

$$\int e^x(e^x+1)^2 \mathrm{d}x = \int (e^x+1)^2 \mathrm{d}(e^x) = \int (e^x+1)^2 \mathrm{d}(e^x+1)$$

$$= \frac{1}{3}(e^x+1)^3 + C$$

于是

$$\int_0^{\ln2} e^x(e^x+1)^2 \mathrm{d}x = \frac{1}{3}(e^x+1)^3 \bigg|_0^{\ln2} = \frac{1}{3} \times (27-8) = \frac{19}{3}$$

注意到在例 4.22 的解题过程中省略了换元、还原的过程，如果进行了换元，即令 $u = e^x + 1$ ，当被积表达式变为 $u^2 \mathrm{d}u$ 时，相应的积分上、下限要变为变量 $u$ 的积分上、下限（这是定积分换元积分与不定积分的区别），则会有如下情形：

令 $u = e^x + 1$ ，则 $\mathrm{d}u = e^x \mathrm{d}x$ ，且当 $x = 0$ 时，$u = 2$ ；当 $x = \ln2$ 时，$u = 3$ ，即当 $x$ 从 0 变到 ln2 时，$u$ 从 2 变到 3，所以有

$$\int_0^{\ln2} e^x(e^x+1)^2 \mathrm{d}x = \int_2^3 u^2 \mathrm{d}u = \frac{1}{3}u^3 \bigg|_2^3 = \frac{1}{3} \times (27-8) = \frac{19}{3}$$

可以看到，上述两种解法的结果是一致的．它们的不同之处在于，前者使用了换元的思想，但省略了换元的过程；后者进行了换元，随之积分上、下限也发生了改变，而且得到 $F(u)$ 时，直接代入新的积分限．这就是定积分的换元积分法．

**定理 4.3**　设 $f(x)$ 在区间 $[a, b]$ 上连续，若

$$\int_a^b f(x)\mathrm{d}x = \int_a^b f_1(u(x))u'(x)\mathrm{d}x \qquad .$$

其中 $u(x)$ 在 $[\alpha, \beta]$ 上单调且有连续导数 $u'(x)$ ，且当 $x = a$ 时，$u = \alpha$ ；当 $x = b$ 时，$u = \beta$ ，则作变量替换 $u = u(x)$ ，可得

$$\int_a^b f(x)\mathrm{d}x = \int_\alpha^\beta f_1(u)\mathrm{d}u \qquad (4-7)$$

式（4-7）称为定积分的**换元积分公式**．

使用定积分的换元积分公式时应该注意，$[a, b]$ 是变量 $x$ 的变化范围，而 $[\alpha, \beta]$ 是变量 $u$ 的变化范围，当将 $\varphi(x)$ 换成 $u$ 时，积分限必须相应地换成 $\alpha$，$\beta$ ；如果把 $\varphi(x)$ 看作积分变量，而没有将它改写成 $u$ ，因为自变量仍是 $x$ ，所以它的积分限还应该是 $a$，$b$ ，而不需要改变．也就是说，换元一定要换限，积分变量一定要和自己的积分限相对应．这就是求

解例 4.22 的两种方法结果一致，且都正确的原因.

**例 4.23** 计算 $\int_0^{\frac{\pi}{2}} \sin^3 x \cdot \cos x \mathrm{d}x$.

**解** ［方法 1］作变量替换，设 $u = \sin x$，则 $\mathrm{d}u = \cos x \mathrm{d}x$. 当 $x = 0$ 时，$u = 0$；当 $x = \frac{\pi}{2}$ 时，$u = 1$. 由定积分的换元积分法，得到

$$\int_0^{\frac{\pi}{2}} \sin^3 x \cdot \cos x \mathrm{d}x = \int_0^{\frac{\pi}{2}} \sin^3 x \mathrm{d}(\sin x) = \int_0^1 u^3 \mathrm{d}u$$
$$= \frac{1}{4} u^4 \Big|_0^1 = \frac{1}{4}$$

［方法 2］对 $\sin x$ 求积分，但不换元，于是有

$$\int_0^{\frac{\pi}{2}} \sin^3 x \cdot \cos x \mathrm{d}x = \int_0^{\frac{\pi}{2}} \sin^3 x \mathrm{d}(\sin x) = \frac{1}{4} \sin^4 x \Big|_0^{\frac{\pi}{2}} = \frac{1}{4}$$

定积分的结果是唯一的，故例 4.23 中两种方法得到的积分值应该是相同的.

**例 4.24** 计算 $\int_1^e \frac{2 + \ln x}{x} \mathrm{d}x$.

**解** ［方法 1］作变量替换，设 $u = 2 + \ln x$，则 $\mathrm{d}u = \frac{1}{x} \mathrm{d}x$. 当 $x = 1$ 时，$u = 2$；当 $x = e$ 时，$u = 3$. 由定积分的换元积分法，得到

$$\int_1^e \frac{2 + \ln x}{x} \mathrm{d}x = \int_1^e (2 + \ln x) \mathrm{d}(2 + \ln x) = \int_2^3 u \mathrm{d}u$$
$$= \frac{1}{2} u^2 \Big|_2^3 = \frac{5}{2}$$

［方法 2］对 $2 + \ln x$ 求积分，但不换元，于是有

$$\int_1^e \frac{2 + \ln x}{x} \mathrm{d}x = \int_1^e (2 + \ln x) \mathrm{d}(2 + \ln x) = \frac{1}{2} (2 + \ln x)^2 \Big|_1^e$$
$$= \frac{1}{2} \times (3^2 - 2^2) = \frac{5}{2}$$

**例 4.25** 计算 $\int_0^1 x \sqrt{1 + x^2} \mathrm{d}x$.

**解** ［方法 1］作变量替换，设 $u = 1 + x^2$，则 $\mathrm{d}u = 2x \mathrm{d}x$. 当 $x = 0$ 时，$u = 1$；当 $x = 1$ 时，$u = 2$. 由定积分的换元积分法，得到

$$\int_0^1 x \sqrt{1 + x^2} \mathrm{d}x = \frac{1}{2} \int_0^1 \sqrt{1 + x^2} \mathrm{d}(1 + x^2) = \frac{1}{2} \int_1^2 \sqrt{u} \mathrm{d}u$$
$$= \frac{1}{3} u^{\frac{3}{2}} \Big|_1^2 = \frac{1}{3} \times (2\sqrt{2} - 1) = \frac{2\sqrt{2}}{3} - \frac{1}{3}$$

［方法 2］对 $1 + x^2$ 求积分，但不换元，于是有

$$\int_0^1 x \sqrt{1 + x^2} \mathrm{d}x = \frac{1}{2} \int_0^1 \sqrt{1 + x^2} \mathrm{d}(1 + x^2) = \frac{1}{3} (1 + x^2)^{\frac{3}{2}} \Big|_0^1$$

$$= \frac{1}{3} \times (2\sqrt{2} - 1) = \frac{2\sqrt{2}}{3} - \frac{1}{3}$$

**例 4.26** 设函数 $f(x)$ 是 $[-a, a]$ 上的奇函数，试证：

$$\int_{-a}^{a} f(x)\mathrm{d}x = 0$$

**证** 由定积分的性质，

$$\int_{-a}^{a} f(x)\mathrm{d}x = \int_{-a}^{0} f(x)\mathrm{d}x + \int_{0}^{a} f(x)\mathrm{d}x \tag{4-8}$$

因为 $f(x)$ 是奇函数，即有 $f(-x) = -f(x)$，对式（4-8）右端的第一个积分作变量替换 $x = -t$，则 $\mathrm{d}x = -\mathrm{d}t$. 当 $x = -a$ 时，$t = a$；当 $x = 0$ 时，$t = 0$. 于是

$$\int_{-a}^{0} f(x)\mathrm{d}x = \int_{a}^{0} f(-t)\mathrm{d}(-t) = \int_{a}^{0} f(t)\mathrm{d}t = -\int_{0}^{a} f(t)\mathrm{d}t$$

代入式（4-8），即有

$$\int_{-a}^{a} f(x)\mathrm{d}x = 0$$

同理，可以证明：若函数 $f(x)$ 是 $[-a, a]$ 上的偶函数，即 $f(-x) = f(x)$，则有

$$\int_{-a}^{a} f(x)\mathrm{d}x = 2\int_{0}^{a} f(x)\mathrm{d}x$$

**2. 定积分的分部积分法**

对应于不定积分的分部积分法，在定积分中也有相应的结论.

**定理 4.4** 设函数 $u = u(x)$，$v = v(x)$ 在区间 $[a, b]$ 上有连续导数 $u'(x)$，$v'(x)$，则

$$\int_{a}^{b} u(x)v'(x)\mathrm{d}x = u(x)v(x)\Big|_{a}^{b} - \int_{a}^{b} v(x)u'(x)\mathrm{d}x \tag{4-9}$$

或

$$\int_{a}^{b} u(x)\mathrm{d}v(x) = u(x)v(x)\Big|_{a}^{b} - \int_{a}^{b} v(x)\mathrm{d}u(x) \tag{4-10}$$

式（4-9）和式（4-10）称为定积分的**分部积分公式**.

式（4-9）与不定积分的分部积分公式在形式上非常相似，应该注意的是，定积分的分部积分公式中的每一项都要带积分上、下限.

**例 4.27** 计算 $\int_{0}^{\frac{\pi}{2}} x\sin2x\mathrm{d}x$.

**解** 设 $u = x$，$v' = \sin2x$，则 $v = -\frac{1}{2}\cos2x$. 由式（4-9），有

$$\int_{0}^{\frac{\pi}{2}} x\sin2x\mathrm{d}x = -\frac{x}{2}\cos2x\Big|_{0}^{\frac{\pi}{2}} + \frac{1}{2}\int_{0}^{\frac{\pi}{2}} \cos2x\mathrm{d}x$$

$$= \frac{\pi}{4} + \frac{1}{4}\sin2x\Big|_{0}^{\frac{\pi}{2}} = \frac{\pi}{4}$$

**例 4.28** 计算 $\int_{1}^{e} \ln x\mathrm{d}x$.

**解**　设 $u = \ln x$，$v' = 1$，则 $v = x$．由式（4-9），有

$$\int_1^e \ln x \mathrm{d}x = x\ln x \Big|_1^e - \int_1^e \frac{x}{x}\mathrm{d}x$$

$$= e - e + 1 = 1$$

**本节关键词**　定积分　N-L公式　定积分的换元积分公式　定积分的分部积分公式

### 练习 4.3

1. 设 $F(x) = \int_0^x \sqrt{1 + t^2}\,\mathrm{d}t$，求 $F'(x)$．

2. 求下列函数的定积分：

(1) $\int_0^1 \sqrt{x}\,\mathrm{d}x$；

(2) $\int_0^{\frac{\pi}{4}} (\sin x + \cos x)\,\mathrm{d}x$；

(3) $\int_1^2 \left( x + \frac{1}{x} \right)\mathrm{d}x$；

(4) $\int_{-1}^2 |1 - x|\,\mathrm{d}x$；

(5) $\int_4^9 \sqrt{x}(1 + \sqrt{x})\,\mathrm{d}x$；

(6) $\int_0^{2\pi} |\sin x|\,\mathrm{d}x$．

3. 求下列函数的定积分：

(1) $\int_0^1 \frac{x}{1 + x^2}\mathrm{d}x$；

(2) $\int_0^3 e^{\frac{x}{3}}\mathrm{d}x$；

(3) $\int_1^2 \frac{e^{\frac{1}{x}}}{x^2}\mathrm{d}x$；

(4) $\int_0^1 \frac{x^2}{x + 1}\mathrm{d}x$；

(5) $\int_1^{e^2} \frac{1}{x\,\sqrt{1 + \ln x}}\mathrm{d}x$；

(6) $\int_0^{\frac{\pi}{2}} \sin x \cdot \cos^2 x\,\mathrm{d}x$．

4. 求下列函数的定积分：

(1) $\int_0^{\frac{\pi}{2}} x\sin x\,\mathrm{d}x$；

(2) $\int_0^2 xe^{\frac{x}{2}}\mathrm{d}x$；

(3) $\int_1^e x^3\ln x\,\mathrm{d}x$；

(4) $\int_{\frac{1}{e}}^e |\ln x|\,\mathrm{d}x$．

5. 求下列函数的定积分：

(1) $\int_{-\frac{\pi}{3}}^{\frac{\pi}{3}} \frac{x\sin^2 x}{1 + \cos x}\mathrm{d}x$；

(2) $\int_{-1}^1 (4x^3 - 6x^2 + 5)\,\mathrm{d}x$．

## 4.4　无限区间上的广义积分

4.3 节所讨论的定积分都是连续函数在有限区间 $[a, b]$ 上求积分．在概率论和其他一些实

际问题中，经常要讨论无限区间上的积分．因此，将定积分的概念推广到无限区间上，这类积分称为无限区间上的广义积分．

**定义 4.4** 设函数 $f(x)$ 在区间 $[a, +\infty)$ 上连续，如果极限

$$\lim_{b \to +\infty} \int_a^b f(x)\mathrm{d}x$$

存在，则称 $f(x)$ 在区间 $[a, +\infty)$ 上的**无穷限广义积分**（简称**广义积分**）**收敛**或**存在**，记作

$$\int_a^{+\infty} f(x)\mathrm{d}x = \lim_{b \to +\infty} \int_a^b f(x)\mathrm{d}x \tag{4-11}$$

并称这个极限值为广义积分的积分值．

若极限 $\lim\limits_{b \to +\infty} \int_a^b f(x)\mathrm{d}x$ 不存在，则称广义积分 $\int_a^{+\infty} f(x)\mathrm{d}x$ **发散**或**不存在**．

类似地，可定义其他形式的广义积分如下：

$$\int_{-\infty}^b f(x)\mathrm{d}x = \lim_{a \to -\infty} \int_a^b f(x)\mathrm{d}x$$

$$\int_{-\infty}^{+\infty} f(x)\mathrm{d}x = \lim_{a \to -\infty} \int_a^c f(x)\mathrm{d}x + \lim_{b \to +\infty} \int_c^b f(x)\mathrm{d}x \tag{4-12}$$

其中 $c$ 为区间 $(a, b)$ 内的任意实数．

$\int_{-\infty}^{+\infty} f(x)\mathrm{d}x$ 收敛的充分必要条件是式（4-12）右端的两个极限都存在；否则，称广义积分 $\int_{-\infty}^{+\infty} f(x)\mathrm{d}x$ 发散．

**例 4.29** 计算广义积分 $\int_1^{+\infty} \dfrac{1}{x^2}\mathrm{d}x$．

**解**
$$\int_1^{+\infty} \frac{1}{x^2}\mathrm{d}x = \lim_{b \to +\infty} \int_1^b \frac{1}{x^2}\mathrm{d}x = \lim_{b \to +\infty} \left( -\frac{1}{x} \Big|_1^b \right)$$
$$= 1 - \lim_{b \to +\infty} \frac{1}{b}$$
$$= 1$$

**例 4.30** 计算广义积分 $\int_1^{+\infty} \dfrac{1}{\sqrt{x}}\mathrm{d}x$．

**解** $\int_1^{+\infty} \dfrac{1}{\sqrt{x}}\mathrm{d}x = \lim\limits_{b \to +\infty} \int_1^b \dfrac{1}{\sqrt{x}}\mathrm{d}x = \lim\limits_{b \to +\infty} \left( 2\sqrt{x} \Big|_1^b \right) = \lim\limits_{b \to +\infty} (2\sqrt{b} - 2) = +\infty$

即广义积分 $\int_1^{+\infty} \dfrac{1}{\sqrt{x}}\mathrm{d}x$ 发散．

**例 4.31** 计算广义积分 $\int_{-\infty}^0 \mathrm{e}^{2x}\mathrm{d}x$．

**解** $\int_{-\infty}^0 \mathrm{e}^{2x}\mathrm{d}x = \lim\limits_{a \to -\infty} \int_a^0 \mathrm{e}^{2x}\mathrm{d}x = \dfrac{1}{2} \lim\limits_{a \to -\infty} \left( \mathrm{e}^{2x} \Big|_a^0 \right)$

$$= \frac{1}{2} - \frac{1}{2} \lim_{a \to -\infty} e^{2a}$$

$$= \frac{1}{2}$$

由例 4.29 ~ 例 4.31 可以看出，广义积分的计算可分为两步：第一步是求出相应的定积分；第二步是取极限．有时为了方便，可将取极限直接写成定积分的上、下限的形式．例如，

$$\int_1^{+\infty} \frac{1}{x^2} \mathrm{d}x = \left( -\frac{1}{x} \Big|_1^{+\infty} \right) = 1 - 0 = 1$$

$$\int_{-\infty}^0 e^{2x} \mathrm{d}x = \frac{1}{2} e^{2x} \Big|_{-\infty}^0 = \frac{1}{2} - 0 = \frac{1}{2}$$

**本节关键词**　无穷限广义积分　收敛　发散

### 练习 4.4

求下列无穷限广义积分：

(1) $\int_1^{+\infty} \frac{1}{x^3} \mathrm{d}x$ ；

(2) $\int_0^{+\infty} e^{-\frac{x}{3}} \mathrm{d}x$ ；

(3) $\int_0^{+\infty} \sin x \mathrm{d}x$ ；

(4) $\int_0^{+\infty} e^{-5x} \mathrm{d}x$ ．

## 本章小结

本章介绍了一元函数积分学的基本内容，即不定积分、定积分．

不定积分中的基本概念是原函数、不定积分．主要的积分方法是第一换元积分法（凑微分法）和分部积分法．对于第一换元积分法，要求熟练掌握凑微分方法和设中间变量 $u = \varphi(x)$ ；对于分部积分法，要清楚它是通过转化积分的方法，将 $\int u \mathrm{d}v$ 转化为 $\int v \mathrm{d}u$ 的，这种转化应是朝着有利于求出积分的方向的．

定积分的计算是通过牛顿－莱布尼茨公式，将定积分转化为不定积分来计算的．

无穷限广义积分的计算是通过求有限区间上的定积分，再令积分限趋于无穷取极限得到的．

通过学习我们体会到，积分的计算相对来说难于微分的计算．实际上，它不仅仅是因为积分计算有一定的技巧，而且有许多初等函数是"积不出来"的．也就是说，这些函数的原函数不能用初等函数来表示．例如，

$$\int \frac{\sin x}{x}\mathrm{d}x, \quad \int \frac{1}{\ln x}\mathrm{d}x, \quad \int \mathrm{e}^{x^2}\mathrm{d}x$$

　　理解不定积分、定积分、无穷限广义积分的概念，掌握不定积分、定积分的计算是本章的重点.

## 习 题 4

1. 已知曲线在任意点 $x$ 处切线的斜率为 $k$（$k$ 为常数），求此曲线方程.

2. 求下列函数的不定积分：

(1) $\int \left(x + \dfrac{2}{x^2}\right)\mathrm{d}x$；

(2) $\int \left(\sqrt{x^5} + \dfrac{3}{x} + 2^x\right)\mathrm{d}x$；

(3) $\int \sqrt{x}\left(x - \dfrac{2}{x^2}\right)\mathrm{d}x$；

(4) $\int \dfrac{x^2 - 2\sqrt{2}x + 2}{x - \sqrt{2}}\mathrm{d}x$；

(5) $\int (x + 3)(x^2 - 3)\mathrm{d}x$；

(6) $\int \dfrac{\cos 2x}{\cos x - \sin x}\mathrm{d}x$.

3. 求下列函数的不定积分：

(1) $\int (2 - 3x)^{\frac{3}{2}}\mathrm{d}x$；

(2) $\int a^{3x}\mathrm{d}x$；

(3) $\int \dfrac{x}{x^2 + 1}\mathrm{d}x$；

(4) $\int \dfrac{\mathrm{e}^x}{\mathrm{e}^x + 1}\mathrm{d}x$；

(5) $\int \sin^3 x \cdot \cos x\mathrm{d}x$；

(6) $\int \dfrac{1 + \ln x + \ln^2 x}{x}\mathrm{d}x$；

(7) $\int (x + 1)\sin 2x\mathrm{d}x$；

(8) $\int x\mathrm{e}^{-x}\mathrm{d}x$；

(9) $\int \dfrac{\ln x}{x^2}\mathrm{d}x$；

(10) $\int x\ln(x + 1)\mathrm{d}x$.

4. 设 $F(x) = \displaystyle\int_0^x \sin^2 t\,\mathrm{d}t$，求 $F'\left(\dfrac{\pi}{4}\right)$.

5. 求下列函数的定积分：

(1) $\displaystyle\int_0^1 a^x \mathrm{e}^x\mathrm{d}x$；

(2) $\displaystyle\int_{-1}^3 |2 - x|\mathrm{d}x$；

(3) $\displaystyle\int_0^1 x\sqrt{1 - x^2}\mathrm{d}x$；

(4) $\displaystyle\int_4^7 \dfrac{x}{\sqrt{x - 3}}\mathrm{d}x$；

(5) $\displaystyle\int_0^1 x\cos \pi x\mathrm{d}x$；

(6) $\displaystyle\int_1^{\mathrm{e}} x^2\ln x\mathrm{d}x$.

6. 计算下列无穷限积分：

(1) $\displaystyle\int_1^{+\infty} \dfrac{1}{\sqrt[3]{x^2}}\mathrm{d}x$；

(2) $\displaystyle\int_{-\infty}^0 \mathrm{e}^{4x}\mathrm{d}x$.

7. 设 $f''(x)$ 在 $[a, b]$ 上连续，证明等式

$$\int_a^b x f''(x)\,\mathrm{d}x = [bf'(b) - f(b)] - [af'(a) - f(a)]$$

成立.

# 学习指导

## 一、疑难解析

### （一）关于原函数与不定积分的概念

（1）原函数与不定积分是两个不同的概念，它们又是紧密相连的. 对于定义在某个区间上的函数 $f(x)$，若存在函数 $F(x)$，使得在该区间上的每一点 $x$ 处，都有 $F'(x) = f(x)$ 成立，则称 $F(x)$ 为 $f(x)$ 的一个原函数；而 $F(x) + C$（$C$ 为任意常数）称为 $f(x)$ 的不定积分.

（2）$f(x)$ 如果有原函数，则有无穷多个；任意两个原函数之间仅相差一个常数. 求 $f(x)$ 的不定积分是求其全体原函数，而只要求出一个原函数 $F(x)$，再加上任意常数 $C$，就得到了 $f(x)$ 的全体原函数. 因此，原函数与不定积分是个体与全体的关系.

（3）$f(x)$ 的不定积分 $\int f(x)\,\mathrm{d}x$ 中隐含着积分常数，在计算的结果中一定要有积分常数 $C$. 如果被积函数 $f(x)$ 是由几个函数的代数和构成的，则计算时要利用积分的性质，将其分为几个积分的代数和，但是不必每个积分都加积分常数，且积分号消失时要加上积分常数 $C$.

### （二）关于不定积分的性质

（1）求导数（或微分）与求不定积分互为逆运算，这是 4.1.2 小节中的性质 1. 由这个性质可以知道，对于一个函数，若先求导数（或微分）再求积分，则等于该函数加上任意常数 $C$；若先求积分再求导数（或微分），则两种运算相互抵消，结果等于被积函数（或被积表达式）. 例如，

$$\frac{\mathrm{d}}{\mathrm{d}x}\left(\int \frac{\sin x}{x}\mathrm{d}x\right) = \frac{\sin x}{x}$$

$$\int \mathrm{d}\left(\frac{\sin x}{x}\right) = \frac{\sin x}{x} + C$$

（2）4.1.2 小节中的性质 2 和性质 3 是不定积分的运算性质，将它们结合起来，有

$$\int [k_1 f(x) \pm k_2 g(x)]\,\mathrm{d}x = k_1 \int f(x)\,\mathrm{d}x \pm k_2 \int g(x)\,\mathrm{d}x$$

### （三）关于不定积分的几何意义

函数 $f(x)$ 的原函数 $F(x)$ 的几何图形称为 $f(x)$ 的积分曲线，$f(x)$ 的不定积分

$\int f(x)\,dx = F(x) + C$ 是 $f(x)$ 的一簇积分曲线，这簇积分曲线在横坐标相同的点 $x$ 处的斜率是相同的.

### （四）关于不定积分的计算

#### 1. 积分基本公式

积分基本公式是积分计算的最终依据. 在积分计算时，当积分号中的被积表达式与某个积分基本公式中被积表达式的形式完全一致时，方可利用该积分基本公式求出积分.

#### 2. 第一换元积分法（凑微分法）

第一换元积分法（凑微分法）主要是处理复合函数求积分的方法，它的基本思想是"变换积分变量，使新的积分对于新的积分变量容易求原函数"，采用的手段是"凑微分"，将 $\int f(x)\,dx$ 凑成 $\int f_1[\varphi(x)]\varphi'(x)\,dx$. 如果说被积函数可以凑成 $f_1[\varphi(x)]\varphi'(x)$ 这样两个因子的乘积 ［其中一个是 $\varphi(x)$ 的函数，另一个是 $\varphi(x)$ 的导数］，方可使用第一换元积分法. 需要注意的是，这里的 $\varphi(x)$ 一定要含在原被积函数中.

例如，对于积分 $\int (2x-1)^{10}\,dx$，原被积函数为 $(2x-1)^{10}$，令 $u = \varphi(x) = 2x-1$，将 $(2x-1)^{10} = \frac{1}{2}(2x-1)^{10}\cdot 2 = \frac{1}{2}u^{10}\cdot 2$，其中的因子 2 是 $u = \varphi(x) = 2x-1$ 的导数，是为了换元而凑出来的，而因子 $\frac{1}{2}$ 是为了与原积分保持相等而乘上去的，于是有

$$\int (2x-1)^{10}\,dx = \frac{1}{2}\int (2x-1)^{10}\cdot 2\,dx = \frac{1}{2}\int (2x-1)^{10}\,d(2x-1)$$

$$\xlongequal[\text{换元}]{u=2x-1} \frac{1}{2}\int u^{10}\,du \xlongequal{\text{利用公式求出积分}} \frac{1}{2}\cdot\frac{1}{11}u^{11} + C$$

$$\xlongequal[\text{还原}]{2x-1=u} \frac{1}{22}(2x-1)^{11} + C$$

其中要注意以下几点：

（1）在微分中，我们已经习惯了 $dy = y'\,dx$，而在积分计算中常常要反过来使用，即 $y'\,dx = dy$. 例如，将 $2dx = d(2x) = d(2x-1)$.

（2）在积分计算中，不仅要熟悉积分基本公式，而且要熟悉微分基本公式，熟悉常见的凑微分形式：

$$f(ax+b)\,dx = \frac{1}{a}f(ax+b)\,d(ax+b)\ (a \neq 0)$$

$$xf(ax^2+b)\,dx = \frac{1}{2a}f(ax^2+b)\,d(ax^2+b)\ (a \neq 0)$$

$$f(\cos x)\sin x\,dx = -f(\cos x)\,d(\cos x)$$

$$f(\sin x)\cos x\,dx = f(\sin x)\,d(\sin x)$$

$$\frac{f(\ln x)}{x}\,dx = f(\ln x)\,d(\ln x)$$

$$\frac{f\left(\dfrac{1}{x}\right)}{x^2}\mathrm{d}x = -f\left(\frac{1}{x}\right)\mathrm{d}\left(\frac{1}{x}\right)$$

$$\frac{f(\sqrt{x})}{\sqrt{x}}\mathrm{d}x = 2f(\sqrt{x})\,\mathrm{d}(\sqrt{x})$$

$$f(\mathrm{e}^x)\mathrm{e}^x\mathrm{d}x = f(\mathrm{e}^x)\,\mathrm{d}(\mathrm{e}^x)$$

$$\frac{f(\tan x)}{\cos^2 x}\mathrm{d}x = f(\tan x)\,\mathrm{d}(\tan x)$$

$$\frac{f(\cot x)}{\sin^2 x}\mathrm{d}x = -f(\cot x)\,\mathrm{d}(\cot x)$$

（3）采用第一换元积分法的目的是求出积分，因此，换元以后的积分 $\int f_1(\varphi(x))\varphi'(x)\mathrm{d}x = \int f_1(u)\mathrm{d}u$ 必须容易求出积分. 一般地，换元后的函数 $f_1(u)$ 是积分基本公式中函数的形式或函数的线性组合形式.

3. 分部积分法

分部积分法是通过将 $\int u\mathrm{d}v$ 转化为 $\int v\mathrm{d}u$ 来计算积分，显然，后者应该是容易求出积分的. 在进行运算时，应该注意以下几点：

（1）运用分部积分法求积分关键的一步是确定被积函数中的 $u$ 和 $v'$. 一般来说，选取 $u$ 和 $v'$ 应遵循如下原则：

① 选作 $v'$ 的函数必须容易计算出原函数.

② 所选取的 $u$ 和 $v'$，必须使得 $\int v\mathrm{d}u$ 较之 $\int u\mathrm{d}v$ 容易计算.

（2）连续两次（或两次以上）应用分部积分公式时，对 $u$ 和 $v'$ 的再次选择应是与前一次相同类型的函数（如第一次选取 $v'$ 为三角函数，则第二次仍将 $v'$ 选为三角函数）.

下面将常见的利用分部积分法求积分的函数类型以及在积分中 $u$，$\mathrm{d}v$ 的选择总结于表 4 - 1 中.

表 4 - 1　利用分部积分法求积分的常见函数类型

| 序号 | 不定积分的类型 | $u$，$\mathrm{d}v$ 的选择 |
|---|---|---|
| I | $\int p_n(x)\sin x\mathrm{d}x$ | $u = p_n(x)$，$\mathrm{d}v = \sin x\mathrm{d}x$ |
| | $\int p_n(x)\cos x\mathrm{d}x$ | $u = p_n(x)$，$\mathrm{d}v = \cos x\mathrm{d}x$ |
| | $\int p_n(x)\mathrm{e}^x\mathrm{d}x$ | $u = p_n(x)$，$\mathrm{d}v = \mathrm{e}^x\mathrm{d}x$ |
| II | $\int p_n(x)\ln x\mathrm{d}x$ | $u = \ln x$，$\mathrm{d}v = p_n(x)\mathrm{d}x$ |

其中 $p_n(x)$ 是 $n$ 次多项式

### （五）关于定积分

**1. 定积分的概念**

定积分 $\int_a^b f(x)\mathrm{d}x$ 是一个数值，这个数值为 $F(x)\Big|_a^b = F(b) - F(a)$，其中，$F(x)$ 为被积函数 $f(x)$ 的任意一个原函数，即

$$\int_a^b f(x)\mathrm{d}x = F(b) - F(a) = F(x)\Big|_a^b$$

这个数值与积分区间 $[a, b]$ 有关，与被积函数、积分变量及积分上、下限有关，但与积分变量选取什么字母无关. 因此，

$$\int_a^b f(x)\mathrm{d}x = \int_a^b f(u)\mathrm{d}u = \int_a^b f(v)\mathrm{d}v$$

且有

$$\int_a^b f(x)\mathrm{d}x = -\int_b^a f(x)\mathrm{d}x$$

$$\frac{\mathrm{d}}{\mathrm{d}x}\Big[\int_a^b f(x)\mathrm{d}x\Big] = 0$$

定积分不同于不定积分. 不定积分 $\int f(x)\mathrm{d}x$ 是 $f(x)$ 的全体原函数，即无穷多个函数，而定积分 $\int_a^b f(x)\mathrm{d}x$ 是一个确定的数值.

**2. 定积分的计算**

由 N－L 公式知，定积分在计算上是完全依赖不定积分的. 在定积分计算中也有换元积分法和分部积分法，它们与不定积分中的换元积分法和分部积分法的区别在于以下几点：

（1）在使用定积分的换元积分法时，换元一定要换限，积分变量必须与自己的积分上、下限相对应. 换元换限后，对新的积分变量求得的原函数可直接代入新变量的上、下限求值，而不必还原到原来的变量再求值.

（2）定积分的分部积分法所处理的函数类型和 $u$，$\mathrm{d}v$ 的选择与不定积分完全相同，只是在定积分中每一项都必须带积分上、下限.

### （六）关于无穷限广义积分

无穷限广义积分的处理方法是将其转化为有限区间上积分的极限，计算时，先求有限区间上的积分（定积分），得到一个新变量的函数

$$\varPhi(b) = \int_a^b f(x)\mathrm{d}x$$

再令 $b \to +\infty$，由 $\lim\limits_{b \to +\infty} \varPhi(b)$ 存在与否，确定 $\int_a^{+\infty} f(x)\mathrm{d}x$ 是否收敛. 若收敛，则积分值等于极限值.

## 二、典型例题

**例 1**　验证 $F(x) = \dfrac{1}{2}(1 + \ln x)^2$ 和 $G(x) = \dfrac{1}{2}\ln^2 x + \ln x$ 是同一个函数的原函数，并说明这两个函数的关系.

**分析**　由原函数的定义，若 $F(x)$ 和 $G(x)$ 的导数是同一个函数 $f(x)$，即 $F'(x) = G'(x) = f(x)$，则 $F(x)$ 和 $G(x)$ 都是 $f(x)$ 的原函数. 因此，只需验证 $F(x)$ 和 $G(x)$ 的导数是否为同一个函数即可.

**解**　因为

$$F'(x) = (1 + \ln x) \cdot \frac{1}{x} = \frac{1 + \ln x}{x}$$

$$G'(x) = \ln x \cdot \frac{1}{x} + \frac{1}{x} = \frac{1 + \ln x}{x}$$

所以 $F(x) = \dfrac{1}{2}(1 + \ln x)^2$ 和 $G(x) = \dfrac{1}{2}\ln^2 x + \ln x$ 是同一个函数 $f(x) = \dfrac{1 + \ln x}{x}$ 的两个原函数.

由于

$$F(x) = \frac{1}{2}(1 + \ln x)^2 = \frac{1}{2}\ln^2 x + \ln x + \frac{1}{2} = G(x) + \frac{1}{2}$$

说明这两个原函数之间仅相差一个常数.

**例 2**　已知某曲线 $y = f(x)$ 在点 $x$ 处的切线斜率为 $\dfrac{1}{2\sqrt{x}}$，且曲线过点 $(4, 3)$，试求曲线方程.

**分析**　根据不定积分的几何意义，所求曲线方程为过点 $(4, 3)$，且斜率为 $f(x) = \dfrac{1}{2\sqrt{x}}$ 的积分曲线.

**解**　
$$y = \int f(x)\,\mathrm{d}x = \int \frac{1}{2\sqrt{x}}\mathrm{d}x = \sqrt{x} + C$$

且曲线过点 $(4, 3)$，即 $3 = \sqrt{4} + C$，得出 $C = 3 - 2 = 1$. 于是所求曲线方程为

$$y = \sqrt{x} + 1$$

**例 3**　判断下列等式是否正确：

(1) $\mathrm{d}\left(\displaystyle\int \frac{1}{\sqrt{1 - x^2}}\mathrm{d}x\right) = \dfrac{1}{\sqrt{1 - x^2}}\mathrm{d}x$ ;

(2) $\displaystyle\int (\sin x)'\mathrm{d}x = -\cos x + C$ ;

(3) $\dfrac{\mathrm{d}}{\mathrm{d}x}\left(\displaystyle\int_1^{\mathrm{e}} \frac{\ln x}{x}\mathrm{d}x\right) = \dfrac{1}{2}$ .

**分析**　（1）和（2）根据不定积分的性质进行判断；（3）根据定积分的定义进行判断．

**解**　（1）由不定积分的性质，

$$d\left[\int f(x)\,dx\right] = f(x)\,dx$$

所以等式 $d\left(\int \dfrac{1}{\sqrt{1-x^2}}dx\right) = \dfrac{1}{\sqrt{1-x^2}}dx$ 成立．

（2）由不定积分的性质，

$$\int f'(x)\,dx = f(x) + C$$

所以等式 $\int (\sin x)'\,dx = -\cos x + C$ 不成立．正确的结果应为

$$\int (\sin x)'\,dx = \sin x + C$$

（3）由定积分的定义，$\displaystyle\int_a^b f(x)\,dx = F(b) - F(a)$ 是一个确定的数值，因此，对函数先求定积分再求导数等于对一个数值求导数，结果应该为 0．因此，等式 $\dfrac{d}{dx}\left(\displaystyle\int_1^e \dfrac{\ln x}{x}dx\right) = \dfrac{1}{2}$ 错误，正确的结果应为 $\dfrac{d}{dx}\left(\displaystyle\int_1^e \dfrac{\ln x}{x}dx\right) = 0$．

**例4**　计算下列积分：

（1）$\displaystyle\int \left(\sqrt{x} + \dfrac{1}{\sqrt{x^3}}\right)^2 dx$ ；

（2）$\displaystyle\int e^x\left(3^x + \dfrac{e^{-x}}{\sin^2 x}\right)dx$ ；

（3）$\displaystyle\int_0^{2\pi} |\sin x|\,dx$ ．

**分析**　对于（1）和（2），利用积分基本公式和积分运算性质进行积分，注意在计算时，对被积函数要进行适当的变形；对于（3），注意到被积函数带有绝对值符号，而在积分时，绝对值符号是一定要打开的，且在积分区间 $[0, 2\pi]$ 上有

$$|\sin x| = \begin{cases} \sin x, & 0 \leqslant x \leqslant \pi \\ -\sin x, & \pi < x \leqslant 2\pi \end{cases}$$

利用定积分的区间可加性和 N–L 公式进行计算．

**解**　（1）将被积函数变形为

$$\left(\sqrt{x} + \dfrac{1}{\sqrt{x^3}}\right)^2 = x + \dfrac{2}{x} + \dfrac{1}{x^3}$$

所以

$$\int \left(\sqrt{x} + \dfrac{1}{\sqrt{x^3}}\right)^2 dx = \int \left(x + \dfrac{2}{x} + \dfrac{1}{x^3}\right)dx = \int x\,dx + \int \dfrac{2}{x}dx + \int \dfrac{1}{x^3}dx$$

$$= \frac{1}{2}x^2 + 2\ln|x| - \frac{1}{2x^2} + C$$

（2）将被积函数变形为

$$e^x\left(3^x + \frac{e^{-x}}{\sin^2 x}\right) = (3e)^x + \frac{1}{\sin^2 x}$$

再利用积分基本公式和积分运算性质，得到

$$\int e^x\left(3^x + \frac{e^{-x}}{\sin^2 x}\right)dx = \int (3e)^x dx + \int \frac{1}{\sin^2 x}dx$$
$$= \frac{(3e)^x}{\ln 3 + 1} - \cot x + C$$

（3）$\int_0^{2\pi} |\sin x|dx = \int_0^{\pi} \sin x dx + \int_{\pi}^{2\pi} (-\sin x)dx$

$$= -\cos x\Big|_0^{\pi} + \cos x\Big|_{\pi}^{2\pi} = -(-1-1) + [1-(-1)]$$
$$= 4$$

说明：例 4 中求积分的方法是直接积分法．这种方法适用于只用到积分基本公式和积分运算性质，或者对被积函数进行适当变形就可以运用积分公式求积分的题目．在解题时应该注意以下几点：

（1）熟悉积分基本公式．

（2）在解题时经常要对被积函数进行适当的变形［如例 4（1）中将二项和的平方展开，例 4（2）中将 $e^x$ 与括号中的各项相乘，例 4（3）中将绝对值打开］，变形的目的是使被积函数变为积分基本公式中的函数或它们的线性组合．这些方法和技巧的掌握是要基于平时练习的．

（3）如果连续试探几次，进行不同的变形后仍无法达到目的，则应考虑利用其他积分方法求解．

**例 5** 计算下列积分：

（1）$\int \frac{x}{\sqrt{1-x^2}}dx$；

（2）$\int \frac{e^x}{(1+e^x)^2}dx$；

（3）$\int_1^e \frac{\ln^2 x}{x}dx$；

（4）$\int_0^{\frac{\pi}{2}} \sin^3 x dx$．

**分析** 注意到这几个被积函数都是复合函数，对于复合函数的积分问题，一般利用第一换元积分法（凑微分法）．在利用换元积分法计算积分时要明确被积函数中的中间变量 $u = \varphi(x)$，设法将对 $x$ 求积分转化为对 $u = \varphi(x)$ 求积分．对于定积分凑微分的题目要注意换元积分法的特点，即"换元变限".

（1）将被积函数 $\dfrac{x}{\sqrt{1-x^2}}$ 看成 $\dfrac{x}{\sqrt{u}}$，其中 $u=1-x^2$，且 $\mathrm{d}u=-2x\mathrm{d}x$，于是 $\dfrac{x}{\sqrt{u}}\mathrm{d}x=-\dfrac{1}{2}\dfrac{1}{\sqrt{u}}\mathrm{d}u$，这时对于变量 $u$ 可以利用积分基本公式求积分.

（2）将被积函数 $\dfrac{\mathrm{e}^x}{(1+\mathrm{e}^x)^2}$ 看成 $\dfrac{\mathrm{e}^x}{u^2}$，其中 $u=1+\mathrm{e}^x$，且 $\mathrm{d}u=\mathrm{e}^x\mathrm{d}x$，于是 $\dfrac{\mathrm{e}^x}{u^2}\mathrm{d}x=\dfrac{\mathrm{d}u}{u^2}$，这样对于变量 $u=1+\mathrm{e}^x$ 可以利用积分基本公式求积分.

（3）将被积函数 $\dfrac{(\ln x)^2}{x}$ 看成 $\dfrac{u^2}{x}$，其中 $u=\ln x$，且 $\mathrm{d}u=\dfrac{1}{x}\mathrm{d}x$，于是 $\dfrac{u^2}{x}\mathrm{d}x=u^2\mathrm{d}u$，这样对于变量 $u=\ln x$ 可以利用积分基本公式求积分.

（4）将被积函数 $\sin^3 x$ 分解成 $\sin^2 x\sin x=(1-\cos^2 x)\sin x=\sin x-\cos^2 x\sin x$，即将原积分分成两个函数积分的和，第一个积分可以由 N-L 公式直接得到，第二个积分中的被积函数可以视为 $u^2\sin x$，其中 $u=\cos x$，$\mathrm{d}u=-\sin x\mathrm{d}x$.

**解** （1）$\displaystyle\int\dfrac{x}{\sqrt{1-x^2}}\mathrm{d}x=-\dfrac{1}{2}\int\dfrac{1}{\sqrt{1-x^2}}\mathrm{d}(1-x^2)=-\dfrac{1}{2}\int\dfrac{1}{\sqrt{u}}\mathrm{d}u$ $(u=1-x^2)$

$$=-\sqrt{u}+C=-\sqrt{1-x^2}+C$$

（2）$\displaystyle\int\dfrac{\mathrm{e}^x}{(1+\mathrm{e}^x)^2}\mathrm{d}x=\int\dfrac{1}{(1+\mathrm{e}^x)^2}\mathrm{d}(1+\mathrm{e}^x)=\int\dfrac{1}{u^2}\mathrm{d}u\ (u=1+\mathrm{e}^x)$

$$=-\dfrac{1}{u}+C=-\dfrac{1}{1+\mathrm{e}^x}+C$$

（3）［方法1］换元换限. 令 $u=\ln x$，则 $\mathrm{d}u=\dfrac{1}{x}\mathrm{d}x$. 当 $x=1$ 时，$u=0$；当 $x=\mathrm{e}$ 时，$u=1$. 于是有

$$\int_1^{\mathrm{e}}\dfrac{\ln^2 x}{x}\mathrm{d}x=\int_0^1 u^2\mathrm{d}u=\dfrac{1}{3}u^3\bigg|_0^1=\dfrac{1}{3}\times(1^3-0^3)=\dfrac{1}{3}$$

［方法2］只凑微分不换元，不换积分限.

$$\int_1^{\mathrm{e}}\dfrac{\ln^2 x}{x}\mathrm{d}x=\int_1^{\mathrm{e}}\ln^2 x\mathrm{d}(\ln x)$$

$$=\dfrac{1}{3}(\ln x)^3\bigg|_1^{\mathrm{e}}=\dfrac{1}{3}\times\big[(\ln\mathrm{e})^3-(\ln 1)^3\big]=\dfrac{1}{3}$$

（4）因为

$$\int_0^{\frac{\pi}{2}}\sin^3 x\mathrm{d}x=\int_0^{\frac{\pi}{2}}(1-\cos^2 x)\sin x\mathrm{d}x=\int_0^{\frac{\pi}{2}}\sin x\mathrm{d}x-\int_0^{\frac{\pi}{2}}\cos^2 x\sin x\mathrm{d}x$$

对于积分 $\displaystyle\int_0^{\frac{\pi}{2}}\sin x\mathrm{d}x$，有

$$\int_0^{\frac{\pi}{2}}\sin x\mathrm{d}x=-\cos x\bigg|_0^{\frac{\pi}{2}}=1$$

对于积分 $\int_0^{\frac{\pi}{2}} \cos^2 x \sin x \mathrm{d}x$ 用凑微分法.

［方法 1］换元换限. 令 $u = \cos x$，则 $\mathrm{d}u = -\sin x \mathrm{d}x$. 当 $x = 0$ 时，$u = 1$；当 $x = \dfrac{\pi}{2}$ 时，$u = 0$. 于是有

$$\int_0^{\frac{\pi}{2}} \cos^2 x \sin x \mathrm{d}x = -\int_1^0 u^2 \mathrm{d}u = \frac{1}{3} u^3 \Big|_0^1 = \frac{1}{3}$$

［方法 2］只凑微分不换元，不换积分限.

$$\int_0^{\frac{\pi}{2}} \cos^2 x \sin x \mathrm{d}x = -\int_0^{\frac{\pi}{2}} \cos^2 x \mathrm{d}(\cos x) = -\frac{1}{3} \cos^3 x \Big|_0^{\frac{\pi}{2}} = \frac{1}{3}$$

因此，

$$\int_0^{\frac{\pi}{2}} \sin^3 x \mathrm{d}x = \frac{2}{3}$$

说明：第一换元积分法是积分运算的重点，也是难点. 一般地，第一换元积分法所处理的函数是复合函数，故此法的实质是复合函数求导数的逆运算. 在运算中始终要记住换元的目的是使换元后的积分 $\int f_1(u) \mathrm{d}u$ 容易求原函数.

应用第一换元积分法时，首先要牢记积分基本公式，明确将其中的变量 $x$ 换成 $x$ 的函数时积分基本公式仍然成立. 同时，还要熟悉微分学中的微分基本公式、复合函数微分法则和常见的"凑微分"形式. 具体解题时，"凑微分"要朝着 $\int f_1(u) \mathrm{d}u$ 容易求积分的方向进行.

在定积分计算中，因为积分限是积分变量的变化范围，当积分变量发生改变时，相应的积分限一定要随之变化，所以在应用换元积分法解题时，如果积分变量不变［如例 5(3) 和 (4) 小题中的方法 2］，则积分限不变. 在换元换限时，新积分变量的上限对应于原积分变量的上限，新积分变量的下限对应于原积分变量的下限. 当以新的积分变量求得原函数时，可直接代入新积分变量的积分上、下限求积分值，而无须再还原到原来的变量求值［如例 5(3) 和 (4) 小题中的方法 1］.

由于积分方法是灵活多样的，技巧性较强，一些"凑"的方法是要靠一定量的练习来积累的［如例 5(4) 小题］. 因此，只有通过练习摸索规律，才能提高解题能力.

**例 6** 计算下列积分：

(1) $\displaystyle\int x \sin 2x \mathrm{d}x$；

(2) $\displaystyle\int_0^2 x \mathrm{e}^{\frac{x}{2}} \mathrm{d}x$；

(3) $\displaystyle\int_{\frac{1}{e}}^e |\ln x| \mathrm{d}x$.

**分析** 注意到这些积分都不能用换元积分法，所以要考虑分部积分法. 对于分部积分法

适用的函数及 $u, v'$ 的选择可以参照表 4 - 1. 具体步骤如下：

① 凑微分，从被积函数中选择恰当的部分作为 $v'\mathrm{d}x$，即 $v'\mathrm{d}x = \mathrm{d}v$，使积分变为 $\int u\mathrm{d}v$.

② 代入公式，$\int u\mathrm{d}v = uv - \int v\mathrm{d}u$，计算出 $\mathrm{d}u = u'\mathrm{d}x$.

③ 计算积分 $\int v\mathrm{d}u$.

定积分的分部积分公式是 $\int_a^b u\mathrm{d}v = uv \Big|_a^b - \int_a^b v\mathrm{d}u$，它与不定积分的区别在于每一项都带有积分上、下限. 需要注意的是，$uv \Big|_a^b$ 是一个确定的数值，在计算中应及时确定下来. 在计算（3）小题时，应设法先去掉被积函数的绝对值符号，这时需要根据绝对值的性质和定积分对区间的可加性进行计算.

**解**　（1）设 $u = x, v' = \sin2x$，则 $v = -\dfrac{1}{2}\cos2x$. 由分部积分公式，有

$$\int x\sin2x\mathrm{d}x = -\frac{1}{2}x\cos2x + \frac{1}{2}\int\cos2x\mathrm{d}x$$

$$= -\frac{1}{2}x\cos2x + \frac{1}{4}\sin2x + C$$

（2）设 $u = x, v' = \mathrm{e}^{\frac{x}{2}}$，则 $v = 2\mathrm{e}^{\frac{x}{2}}$. 由分部积分公式，有

$$\int_0^2 x\mathrm{e}^{\frac{x}{2}}\mathrm{d}x = 2x\mathrm{e}^{\frac{x}{2}}\Big|_0^2 - 2\int_0^2 \mathrm{e}^{\frac{x}{2}}\mathrm{d}x = 4\mathrm{e} - 4\mathrm{e}^{\frac{x}{2}}\Big|_0^2 = 4\mathrm{e} - 4\mathrm{e} + 4 = 4$$

（3）因为

$$|\ln x| = \begin{cases} -\ln x, & \dfrac{1}{\mathrm{e}} \leqslant x < 1 \\ \ln x, & 1 \leqslant x \leqslant \mathrm{e} \end{cases}$$

利用积分区间的可加性，得到

$$\int_{\frac{1}{\mathrm{e}}}^{\mathrm{e}} |\ln x|\mathrm{d}x = -\int_{\frac{1}{\mathrm{e}}}^1 \ln x\mathrm{d}x + \int_1^{\mathrm{e}} \ln x\mathrm{d}x$$

其中第一个积分为

$$\int_{\frac{1}{\mathrm{e}}}^1 \ln x\mathrm{d}x = x\ln x\Big|_{\frac{1}{\mathrm{e}}}^1 - \int_{\frac{1}{\mathrm{e}}}^1 \frac{x}{x}\mathrm{d}x$$

$$= \frac{1}{\mathrm{e}} - 1 + \frac{1}{\mathrm{e}} = \frac{2}{\mathrm{e}} - 1$$

第二个积分为

$$\int_1^{\mathrm{e}} \ln x\mathrm{d}x = x\ln x\Big|_1^{\mathrm{e}} - \int_1^{\mathrm{e}} \mathrm{d}x = \mathrm{e} - \mathrm{e} + 1 = 1$$

最后结果为

$$\int_{\frac{1}{\mathrm{e}}}^{\mathrm{e}} |\ln x|\mathrm{d}x = -\int_{\frac{1}{\mathrm{e}}}^1 \ln x\mathrm{d}x + \int_1^{\mathrm{e}} \ln x\mathrm{d}x = 1 - \frac{2}{\mathrm{e}} + 1 = 2 - \frac{2}{\mathrm{e}}$$

**例7**　计算下列广义积分：

(1) $\int_1^{+\infty} \dfrac{1}{(x+1)^3} \mathrm{d}x$ ；

(2) $\int_0^{+\infty} \mathrm{e}^{-3x} \mathrm{d}x$ ；

(3) $\int_e^{+\infty} \dfrac{1}{x\ln x} \mathrm{d}x$ .

**分析**　对于广义积分 $\int_a^{+\infty} f(x)\mathrm{d}x$ 的求解步骤如下：

(1) 求定积分 $\int_a^b f(x)\mathrm{d}x = F(b) - F(a)$ .

(2) 计算极限 $\lim\limits_{b\to+\infty} \left[ F(b) - F(a) \right]$ .

若极限存在，则收敛（或可积）；否则，发散. 收敛时，积分值等于极限值.

**解**　(1) $\int_1^{+\infty} \dfrac{1}{(x+1)^3}\mathrm{d}x = \lim\limits_{b\to+\infty} \int_1^b \dfrac{1}{(x+1)^3}\mathrm{d}x = \lim\limits_{b\to+\infty} \left[ -\dfrac{1}{2}(x+1)^{-2} \Big|_1^b \right]$

$\qquad = -\dfrac{1}{2} \lim\limits_{b\to+\infty} \left[ (b+1)^{-2} - (1+1)^{-2} \right] = \left( -\dfrac{1}{2} \right) \times \left( -\dfrac{1}{4} \right)$

$\qquad = \dfrac{1}{8}$

(2) $\int_0^{+\infty} \mathrm{e}^{-3x}\mathrm{d}x = \lim\limits_{b\to+\infty} \int_0^b \mathrm{e}^{-3x}\mathrm{d}x = \lim\limits_{b\to+\infty} \left( -\dfrac{1}{3}\mathrm{e}^{-3x} \Big|_0^b \right)$

$\qquad = \lim\limits_{b\to+\infty} \left[ -\dfrac{1}{3}(\mathrm{e}^{-3b} - \mathrm{e}^0) \right] = \dfrac{1}{3}$

(3) $\int_e^{+\infty} \dfrac{1}{x\ln x}\mathrm{d}x = \lim\limits_{b\to+\infty} \int_e^b \dfrac{1}{\ln x}\mathrm{d}(\ln x) = \lim\limits_{b\to+\infty} \ln(\ln x) \Big|_e^b = +\infty$

说明此广义积分发散.

需要注意的是，正如 4.4 节中提到的，例 7 中广义积分的计算过程也可以写成下面的形式：

(1) $\int_1^{+\infty} \dfrac{1}{(x+1)^3}\mathrm{d}x = \left[ -\dfrac{1}{2}(x+1)^{-2} \Big|_1^{+\infty} \right] = \dfrac{1}{8}$ .

(2) $\int_0^{+\infty} \mathrm{e}^{-3x}\mathrm{d}x = \left( -\dfrac{1}{3}\mathrm{e}^{-3x} \Big|_0^{+\infty} \right) = \dfrac{1}{3}$ .

(3) $\int_e^{+\infty} \dfrac{1}{x\ln x}\mathrm{d}x = \int_e^{+\infty} \dfrac{1}{\ln x}\mathrm{d}(\ln x) = \ln(\ln x) \Big|_e^{+\infty} = +\infty$ .

## 三、自测试题（40 分钟内完成）

### （一）单项选择题

1. 若 $\int f(x)\mathrm{d}x = x^2 + C$ ，则 $\int x f(1-x^2)\mathrm{d}x = ($　　$)$ .

A. $2(1 - x^2)^2 + C$  　　　　　　　　B. $-2(1 - x^2)^2 + C$

C. $\dfrac{1}{2}(1 - x^2)^2 + C$  　　　　　D. $-\dfrac{1}{2}(1 - x^2)^2 + C$

2. 下列等式中，成立的是（　　）．

A. $\dfrac{\mathrm{d}}{\mathrm{d}x}\left[\displaystyle\int f(x)\,\mathrm{d}x\right] = f(x)$  　　　　B. $\displaystyle\int f'(x)\,\mathrm{d}x = f(x)$

C. $\mathrm{d}\left[\displaystyle\int f(x)\,\mathrm{d}x\right] = f(x)$  　　　　D. $\displaystyle\int \mathrm{d}f(x) = f(x)$

3. 若 $f(x)$ 的一个原函数是 $\dfrac{1}{x}$，则 $f'(x) = $（　　）．

A. $\ln|x|$  　　　　B. $\dfrac{1}{x}$  　　　　C. $-\dfrac{1}{x^2}$  　　　　D. $\dfrac{2}{x^3}$

4. 若 $\displaystyle\int f(x)\,\mathrm{d}x = x^2 \mathrm{e}^{2x} + C$，则 $f(x) = $（　　）．

A. $2x\mathrm{e}^{2x}$  　　　　B. $2x^2\mathrm{e}^{2x}$  　　　　C. $2x\mathrm{e}^{2x}(1 + x)$  　　　　D. $x\mathrm{e}^{2x}$

5. 在切线斜率为 $2x$ 的积分曲线簇中，通过点 $(4, 1)$ 的曲线方程为（　　）．

A. $y = x^2 + 1$  　　　　　　　　B. $y = x^2 - 15$

C. $y = x^2 + 4$  　　　　　　　　D. $y = x^2 + 15$

## （二）填空题

1. $\mathrm{d}\left(\displaystyle\int \mathrm{e}^{-x^2}\,\mathrm{d}x\right) = $ ＿＿＿＿＿＿＿＿＿．

2. 若 $\displaystyle\int f(x)\,\mathrm{d}x = F(x) + C$，则 $\displaystyle\int f(2x - 3)\,\mathrm{d}x = $ ＿＿＿＿＿＿．

3. 若 $\displaystyle\int_0^{+\infty} \mathrm{e}^{kx}\,\mathrm{d}x = 2$，则 $k = $ ＿＿＿＿＿＿．

4. $\dfrac{\mathrm{d}}{\mathrm{d}x}\left(\displaystyle\int_x^b \mathrm{e}^{t^2}\,\mathrm{d}t\right) = $ ＿＿＿＿＿＿．

5. $\dfrac{\mathrm{d}}{\mathrm{d}x}\left[\displaystyle\int_1^{\mathrm{e}} \ln(1 + x^2)\,\mathrm{d}x\right] = $ ＿＿＿＿＿＿．

## （三）判断题

1. $\ln x$ 是 $\dfrac{1}{x}$ 的一个原函数．　　　　　　　　　　　　　　　　　　（　　）

2. $\displaystyle\int_{-1}^1 \dfrac{\mathrm{e}^x - \mathrm{e}^{-x}}{2}\,\mathrm{d}x = 0$．　　　　　　　　　　　　　　　　　　（　　）

3. $\displaystyle\int_{-2}^{20} \mathrm{d}x = 20 - 2 = 18$．　　　　　　　　　　　　　　　　　　（　　）

4. 广义积分 $\displaystyle\int_{-\infty}^0 \sin x\,\mathrm{d}x$ 是发散的．　　　　　　　　　　　　　（　　）

5. $\displaystyle\int x f''(x)\,\mathrm{d}x = \dfrac{1}{2}x^2 f'(x) + C$．　　　　　　　　　　　　（　　）

**(四) 计算题**

1. 计算下列不定积分：

（1）$\int (2^x + x^2)\,\mathrm{d}x$ ;

（2）$\int \dfrac{\mathrm{e}^x}{\sqrt{5 + \mathrm{e}^x}}\mathrm{d}x$ ;

（3）$\int \dfrac{\ln x}{x^2}\mathrm{d}x$ .

2. 计算下列定积分：

（1）$\int_1^e \dfrac{1 + 5\ln x}{x}\mathrm{d}x$ ;

（2）$\int_1^e \ln x\,\mathrm{d}x$.

# 第5章　积分的应用

## 导言

　　前面讨论了一元函数积分学的基本概念和计算方法，本章在此基础上进一步研究积分的应用．与微分学一样，积分学在科学技术问题中有广泛的应用．本章主要介绍它在几何方面的一些应用，常微分方程的基本概念、基本解法及应用．

## 学习目标

　　1. 会用定积分计算简单的平面曲线围成图形的面积（直角坐标系）和绕坐标轴旋转生成的旋转体的体积．

　　2. 了解微分方程的几个概念，掌握变量可分离的微分方程和一阶线性微分方程的解法，知道一阶微分方程的一些应用．

## 5.1　积分的几何应用

### 5.1.1　已知切线斜率求曲线方程

　　已经知道，若已知曲线的方程为 $y = F(x)$，则它在任意一点 $x$ 处的切线斜率为 $k = F'(x) = f(x)$，这是一个已知函数 $F(x)$ 求导的问题．反过来，若已知一条曲线在任意一点 $x$ 处的切线斜率为 $k = f(x)$，则此曲线的方程 $y = F(x)$ 可由积分与导数的互逆运算关系求得，即

$$y = F(x) = \int f(x)\,\mathrm{d}x$$

这就是求已知切线斜率的曲线方程问题．

　　**例 5.1**　已知曲线 $y = F(x)$ 在任意一点 $x$ 处的切线斜率为 $\frac{3}{2}x^{\frac{1}{2}} - 1$，且过点 $(0,2)$，试求该曲线方程．

**解** 由 $F'(x) = \dfrac{3}{2}x^{\frac{1}{2}} - 1$ 可知，$F(x)$ 是 $\dfrac{3}{2}x^{\frac{1}{2}} - 1$ 的一个原函数，从而 $F(x)$ 可通过不定积分求得，即

$$F(x) = \int \left( \frac{3}{2}x^{\frac{1}{2}} - 1 \right) \mathrm{d}x = x^{\frac{3}{2}} - x + C$$

即曲线方程由 $y = x^{\frac{3}{2}} - x + C$ 确定．

因为曲线过点 $(0, 2)$，将 $x = 0$，$y = 2$ 代入 $y = x^{\frac{3}{2}} - x + C$，得到 $C = 2$．于是所求曲线方程为

$$y = x^{\frac{3}{2}} - x + 2$$

### 5.1.2 求平面图形的面积

下面的定理说明了定积分的几何意义及其在几何上的重要作用．

**定理 5.1** 设函数 $f(x)$ 在区间 $[a, b]$ 上连续，且 $f(x) \geqslant 0$，则 $f(x)$ 在 $[a, b]$ 上的定积分

$$A = \int_a^b f(x)\mathrm{d}x \qquad (5-1)$$

是曲线 $y = f(x)$ 下方和 $x$ 轴上方以及直线 $x = a$，$x = b$ 之间图形的面积，即由曲线 $y = f(x)$ 和直线 $y = 0$ 及 $x = a$，$x = b$ 所围成的**曲边梯形的面积**，用 $A$ 表示，如图 $5-1$ 所示．

对以下特殊情形，容易验证定理 5.1 是成立的：

（1）$f(x) = C$（$C > 0$ 为常数）．

$$\int_a^b C\mathrm{d}x = Cx \Big|_a^b = C(b - a)$$

它恰好是 $y = f(x) = C$ 下方与 $x$ 轴上方以及直线 $x = a$ 和 $x = b$ 之间的矩形面积，如图 $5-2(\mathrm{a})$ 所示．

（2）$f(x) = x$（$x \in [a, b]$，$0 \leqslant a < b$）．

$$\int_a^b x\mathrm{d}x = \frac{1}{2}x^2 \Big|_a^b = \frac{1}{2}(a + b)(b - a)$$

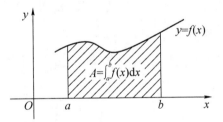

**图 5 - 1 定理 5.1 示意图**

它恰好是 $y = f(x) = x$ 与 $y = 0$，$x = a$，$x = b$ 围成图形（梯形）的面积．特别地，当 $a = 0$ 时，它是三角形的面积，如图 $5-2(\mathrm{b})$ 所示．

（3）$f(x) = \sqrt{1 - x^2}$（$x \in [0, 1]$）．

$$\int_0^1 \sqrt{1 - x^2}\mathrm{d}x = \int_0^{\frac{\pi}{2}} \sqrt{1 - \sin^2 u}\, \cos u\,\mathrm{d}u$$

$$= \int_0^{\frac{\pi}{2}} \cos u \cos u\,\mathrm{d}u = \int_0^{\frac{\pi}{2}} \frac{1 + \cos 2u}{2}\mathrm{d}u$$

$$= \frac{u}{2} \Big|_0^{\frac{\pi}{2}} + \frac{\sin 2u}{4} \Big|_0^{\frac{\pi}{2}} = \frac{\pi}{4}$$

它恰好表示 1/4 单位圆的面积，如图 5-2(c) 所示.

说明 （3）中的积分方法是第二换元积分法. 第二换元积分法见参考文献［4］.

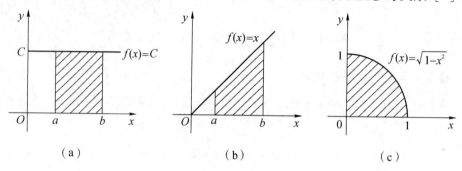

（a） （b） （c）

**图 5-2 定理 5.1 的验证图**

(a)$f(x) = C$ ($C > 0$ 为常数)；(b)$f(x) = x$ ($x \in [a, b]$, $0 \le a < b$)；(c)$f(x) = \sqrt{1 - x^2}$ ($x \in [0, 1]$)

如果 $f(x) < 0$ ($x \in [a, b]$)，则由曲线 $y = f(x)$ 与 $y = 0$($x$轴) 及直线 $x = a$, $x = b$ 围成图形的面积为

$$A = -\int_a^b f(x)\,\mathrm{d}x \tag{5-2}$$

如图 5-3 所示.

由此可见，对于一般的 $f(x)$，若在 $[a, c]$ 上 $f(x) \le 0$，在 $[c, b]$ 上 $f(x) \ge 0$（见图 5-4），则曲线 $y = f(x)$ 与直线 $y = 0$ ($x$轴) 及 $x = a$, $x = b$ 围成图形的面积可由面积的可加性得

$$A = A_1 + A_2$$

其中

$$A_1 = \int_a^c [-f(x)]\,\mathrm{d}x, \quad A_2 = \int_c^b f(x)\,\mathrm{d}x$$

因此，

$$A = -\int_a^c f(x)\,\mathrm{d}x + \int_c^b f(x)\,\mathrm{d}x \tag{5-3}$$

或简写为

$$A = \int_a^b |f(x)|\,\mathrm{d}x \tag{5-4}$$

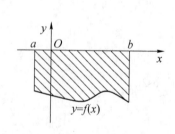

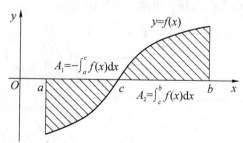

图 5-3 $f(x) < 0$ 时曲边图形的面积  图 5-4 一般 $f(x)$ 时曲边图形的面积

进一步，若把直线 $y = 0$（$x$ 轴）换成另一条曲线 $y = g(x)$，且满足 $g(x) \leqslant f(x)$（$x \in [a, b]$），则由两条曲线 $y = f(x)$ 和 $y = g(x)$ 与直线 $x = a$，$x = b$ 围成平面图形的面积为

$$A = \int_a^b [f(x) - g(x)] \mathrm{d}x \qquad (5-5)$$

如图 5 - 5 所示.

类似地，由曲线 $x = \varphi(y)$ 与 $x = 0$（$y$ 轴）及直线 $y = c$，$y = d$（$d > c$）围成的平面图形的面积为

$$A = \int_c^d \varphi(y) \mathrm{d}y \qquad (5-6)$$

如图 5 - 6 所示.

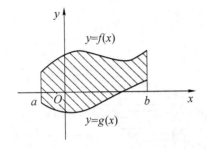

**图 5 - 5　$y = f(x)$，$y = g(x)$ 所围图形的面积**

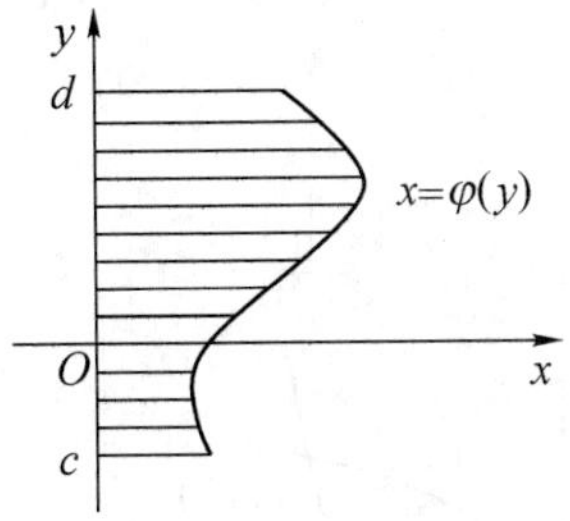

**图 5 - 6　$x = \varphi(y)$ 所围图形的面积**

由曲线 $x = \varphi(y)$ 和 $x = \psi(y)$ $[\psi(y) \leqslant \varphi(y)$，$c \leqslant y \leqslant d]$ 以及直线 $y = c$，$y = d$（$c < d$）围成的平面图形的面积为

$$A = \int_c^d [\varphi(y) - \psi(y)] \mathrm{d}y \qquad (5-7)$$

如图 5 - 7 所示.

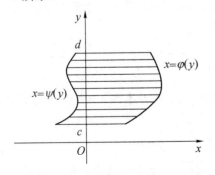

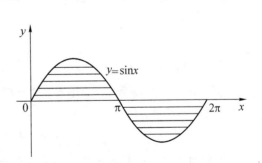

**图 5 - 7　$x = \varphi(y)$，$x = \psi(y)$ 所围图形的面积**

**图 5 - 8　正弦函数在一个周期内的图形**

**例 5.2**　求曲线 $y = \sin x$ 在一个周期内与 $x$ 轴所围成图形的面积.

**解**　在坐标平面中作曲线 $y = \sin x$ 在一个周期内的图形，如图 5 - 8 所示. 在 $[0, \pi]$ 上 $y = \sin x \geqslant 0$，在 $[\pi, 2\pi]$ 上 $y = \sin x < 0$. 用式（5 - 3）求该面积，即

$$A = \int_0^\pi \sin x \mathrm{d}x - \int_\pi^{2\pi} \sin x \mathrm{d}x = -\cos x \Big|_0^\pi - \Big( -\cos x \Big|_\pi^{2\pi} \Big)$$

$$= -(-1-1) - [-1+(-1)] = 4$$

**例 5.3**　求曲线 $y = x^2$ 和 $y^2 = x$ 围成的图形面积.

**解**　在坐标平面中作 $y = x^2$ 与 $y^2 = x$ 的图形, 如图 5-9 所示. 为确定积分限, 求两条曲线的交点, 即解

$$\begin{cases} y = x^2 \\ y^2 = x \end{cases}$$

得到交点 $(0, 0)$, $(1, 1)$. 在区间 $[0, 1]$ 上, $y^2 = x$, 即 $y = \sqrt{x} > y = x^2$, 故所求面积为

$$A = \int_0^1 (\sqrt{x} - x^2) \mathrm{d}x = \frac{2}{3} x^{\frac{3}{2}} \Big|_0^1 - \frac{1}{3} x^3 \Big|_0^1 = \frac{1}{3}$$

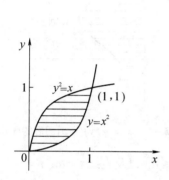

图 5-9　例 5.3 示意图

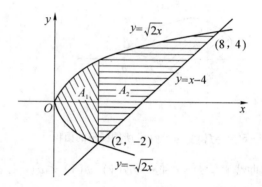

图 5-10　例 5.4 示意图

**例 5.4**　求抛物线 $y^2 = 2x$ 与直线 $y = x - 4$ 所围成图形的面积.

**解**　在坐标平面中作 $y^2 = 2x$ 与 $y = x - 4$ 的图形, 如图 5-10 所示. 求两条线的交点, 即解

$$\begin{cases} y^2 = 2x \\ y = x - 4 \end{cases}$$

得到交点 $(2, -2)$ 和 $(8, 4)$.

[方法 1] 取 $x$ 为积分变量, 从图 5-10 中可以看出, 此时直线 $x = 2$ 将曲线所围成图形的面积分成两部分, 即

$$A = A_1 + A_2$$

在 $A_1$ 部分, 由于抛物线的上半支方程为 $y = \sqrt{2x}$, 下半支方程为 $y = -\sqrt{2x}$, 所以

$$A_1 = \int_0^2 [\sqrt{2x} - (-\sqrt{2x})] \mathrm{d}x = 2\sqrt{2} \int_0^2 x^{\frac{1}{2}} \mathrm{d}x$$

$$= 2\sqrt{2} \cdot \frac{2}{3} x^{\frac{3}{2}} \Big|_0^2 = \frac{16}{3}$$

$A_2$ 部分是由曲线 $y = \sqrt{2x}$ 与直线 $y = x - 4$ 以及 $x = 2$, $x = 8$ 围成图形的面积, 即

$$A_2 = \int_2^8 \left[ \sqrt{2x} - (x - 4) \right] \mathrm{d}x$$

$$= \left( \frac{2\sqrt{2}}{3} x^{\frac{3}{2}} - \frac{1}{2} x^2 + 4x \right) \Big|_2^8 = \frac{56}{3} - 6 = \frac{38}{3}$$

于是得到

$$A = \frac{16}{3} + \frac{38}{3} = 18$$

[方法 2] 取 $y$ 为积分变量, 可将图形看作由曲线 $x = \frac{1}{2}y^2$ 以及直线 $x = y + 4$, $y = -2$, $y = 4$ 围成的. 此时只需计算一个定积分, 即

$$A = \int_{-2}^4 \left( y + 4 - \frac{1}{2}y^2 \right) \mathrm{d}y = \left( \frac{y^2}{2} + 4y - \frac{1}{6}y^3 \right) \Big|_{-2}^4 = 18$$

由此可见, 例 5.5 中取 $y$ 为积分变量时, 计算比较简便.

### 5.1.3 求平行截面面积已知的立体体积

设一个物体被垂直于某条直线的平面所截的面积可求, 则该物体可用定积分求其体积.

不妨设上述直线为 $x$ 轴, 则在 $x$ 处的截面面积 $A(x)$ 是 $x$ 的已知连续函数, 求该物体介于 $x = a$ 和 $x = b(a < b)$ 之间的体积 (见图 5 – 11).

为了求体积微元, 在微小区间 $[x, x + \mathrm{d}x]$ 上把 $A(x)$ 看作不变的, 即把 $[x, x + \mathrm{d}x]$ 上的立体薄片近似看作以 $A(x)$ 为底、$\mathrm{d}x$ 为高的柱片, 于是

$$\mathrm{d}V = A(x)\mathrm{d}x$$

然后在 $x$ 的变化区间 $[a, b]$ 上积分, 得到

$$V = \int_a^b A(x)\mathrm{d}x \qquad (5 - 8)$$

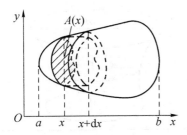

图 5 – 11　截面面积已知的立体体积

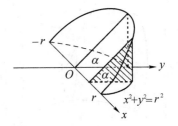

图 5 – 12　例 5.5 示意图

**例 5.5**　设有底半径为 $r$ 的圆柱被一个与圆柱面成 $\alpha$ 角, 且过底圆直径的平面所截, 求截下的楔形体积 (见图 5 – 12).

**解**　由图 5 – 12 可知, 底圆方程为 $x^2 + y^2 = r^2$. 在 $x$ 处垂直于 $x$ 轴作立体的截面, 得到一个直角三角形, 两条直角边分别为 $y$, $y\tan\alpha$, 即 $\sqrt{r^2 - x^2}$, $\sqrt{r^2 - x^2}\tan\alpha$, 其面积为

$$A(x) = \frac{1}{2}(r^2 - x^2)\tan\alpha$$

从而楔形的体积为

$$V = \int_{-r}^{r} \frac{1}{2}(r^2 - x^2)\tan\alpha\mathrm{d}x = \tan\alpha \int_{0}^{r} (r^2 - x^2)\mathrm{d}x$$

$$= \tan\alpha\left(r^2 x - \frac{x^3}{3}\right)\Big|_{0}^{r} = \frac{2}{3}r^3\tan\alpha$$

### 5.1.4 求旋转体的体积

设一个立体是由连续曲线 $y = f(x)(\geqslant 0)$，直线 $x = a$，$x = b(a < b)$ 以及 $x$ 轴所围成的平面图形绕 $x$ 轴旋转而成的，称为**旋转体**，如图 5 - 13 所示.

下面来求旋转体的体积 $V$. 它是已知平行截面面积求立体体积的特殊情况，此时的截面面积 $A(x)$ 是圆面积.

在区间 $[a, b]$ 上点 $x$ 处垂直于 $x$ 轴的截面面积为

$$A(x) = \pi f^2(x)$$

在 $x$ 的变化区间 $[a, b]$ 上积分，得到旋转体的体积为

$$V = \pi \int_{a}^{b} f^2(x)\mathrm{d}x \tag{5-9}$$

类似地，由曲线 $x = \varphi(y)$，直线 $y = c$，$y = d$ 及 $y$ 轴所围城的曲边梯形绕 $y$ 轴旋转，所得旋转体（见图 5 - 14）的体积为

$$V = \pi \int_{c}^{d} \varphi^2(y)\mathrm{d}y \tag{5-10}$$

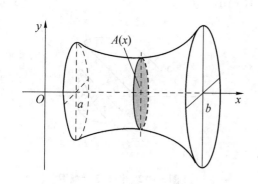

图 5 - 13　绕 $x$ 轴旋转而成的旋转体

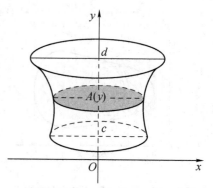

图 5 - 14　绕 $y$ 轴旋转而成的旋转体

**例 5.6**　求椭圆 $\dfrac{x^2}{a^2} + \dfrac{y^2}{b^2} = 1$ 分别绕 $x$ 轴和 $y$ 轴旋转得到的旋转体的体积.

**解**　将椭圆方程表示成 $y$ 是 $x$ 的函数，在第一象限的部分为

$$y = \frac{b}{a}\sqrt{a^2 - x^2}$$

将其绕 $x$ 轴旋转得到半个椭圆体，故绕 $x$ 轴旋转所得椭球体的体积为

$$V = 2\pi \int_0^a y^2 \mathrm{d}x = 2\pi \int_0^a \frac{b^2}{a^2}(a^2 - x^2)\,\mathrm{d}x$$

$$= 2\pi \cdot \frac{b^2}{a^2}\left(a^2 x - \frac{x^3}{3}\right)\bigg|_0^a = \frac{4}{3}\pi a b^2$$

同理，绕 $y$ 轴旋转所得椭球体的体积为

$$V = 2\pi \int_0^b x^2 \mathrm{d}y = 2\pi \int_0^b \frac{a^2}{b^2}(b^2 - y^2)\,\mathrm{d}y$$

$$= 2\pi \cdot \frac{a^2}{b^2}\left(b^2 y - \frac{y^3}{3}\right)\bigg|_0^b = \frac{4}{3}\pi a^2 b$$

特别地，当 $a = b$ 时，得到球体的体积为 $V = \frac{4}{3}\pi a^3$.

**例 5.7** 计算曲线 $y = \mathrm{e}^{-x}$ 与直线 $y = 0$ 之间位于第一象限内的平面图形绕 $x$ 轴旋转得到的旋转体的体积.

**解** 当 $x \to +\infty$ 时，$y = \mathrm{e}^{-x} \to 0$. 于是所求旋转体的体积为

$$V_x = \pi \int_0^{+\infty} y^2 \mathrm{d}x = \pi \int_0^{+\infty} \mathrm{e}^{-2x} \mathrm{d}x$$

$$= -\frac{\pi}{2}\mathrm{e}^{-2x}\bigg|_0^{+\infty} = \frac{\pi}{2}$$

**例 5.8** 计算曲线 $y = x^2$ 与 $y = \sqrt{x}$ 所围成的平面图形绕 $x$ 轴旋转得到的旋转体的体积.

**解** 曲线 $y = x^2$ 与 $y = \sqrt{x}$ 所围成的平面图形如图 5-9 所示，它们的交点为 $(0, 0)$，$(1, 1)$，于是所求旋转体的体积为

$$V = \pi \int_0^1 \left[(\sqrt{x})^2 - (x^2)^2\right]\mathrm{d}x = \pi \int_0^1 (x - x^4)\,\mathrm{d}x$$

$$= \pi\left(\frac{x^2}{2} - \frac{x^5}{5}\right)\bigg|_0^1 = \frac{3}{10}\pi$$

**本节关键词** 曲边梯形的面积 旋转体的体积

## 练习 5.1

1. 求由下列曲线所围成的平面图形的面积：

(1) $y = \sqrt{x}$ 和直线 $y = 0$，$x = 1$，$x = 2$；　　(2) $y = \mathrm{e}^{3x}$ 和直线 $y = 0$，$x = 0$，$x = 2$；

(3) $y = \frac{1}{x+1}$ 和直线 $y = 0$，$x = 1$，$x = 3$；　　(4) $y = 4 - x^2$ 和直线 $y = x + 2$；

（5）$y = 16 - x^2$ 和 $y = x^2$，从 $x = 0$ 到 $x = 1$；　（6）$y = 16 - x^2$ 和 $y = x^2$；

（7）$y = -x^2$ 和直线 $x - y = 2$；　　　　（8）$y = \sin x$ 和 $x$ 轴，在区间 $[0, \pi]$ 上．

2．求下列平面图形分别绕 $x$ 轴和 $y$ 轴旋转产生的旋转体的体积：

（1）曲线 $y = \sqrt{x}$ 与直线 $x = 1$，$x = 4$ 以及 $y = 0$ 所围成的平面图形；

（2）在区间 $\left[0, \dfrac{\pi}{2}\right]$ 上，曲线 $y = \sin x$ 与直线 $x = \dfrac{\pi}{2}$，$y = 0$ 所围成的平面图形；

（3）曲线 $y = x^3$ 与直线 $x = 2$，$y = 0$ 所围成的平面图形．

# 5.2　微分方程

微积分学的主要研究对象是函数．在某些情况下，函数关系不容易直接建立，那么能否用其他方法来确定变量之间的函数关系呢？不定积分的方法告诉我们，一个函数的导数如果是已知的，就有可能求出这个函数．现在进一步讨论，如果只知道函数的导数所满足的一个关系式，怎样确定这个函数？这就是微分方程所要研究和解决的问题．

## 5.2.1　微分方程的基本概念

为了说明微分方程的基本概念，先举两个例子．

**例 5.9**　假设在真空中，自由落体的速度与时间成正比，试根据这一点确定自由落体的运动规律．

**解**　设 $S(t)$ 是自由落体运动的路程随时间变化的函数关系，现在它是未知函数．

自由落体运动的速度为 $\dfrac{\mathrm{d}S(t)}{\mathrm{d}t}$，这是一个未知函数的导数．它与时间 $t$ 成正比，比例常数记为 $g$，于是有

$$\frac{\mathrm{d}S(t)}{\mathrm{d}t} = gt$$

这是一个关于自由落体运动的含有未知函数的导数的方程．

**例 5.10**　已知需求的价格弹性[①]$E_p = \dfrac{1}{Q^2}$，其中 $Q$ 为需求量．又知当 $Q = 0$ 时，价格 $p = 100$．试求需求量与价格之间的函数关系．

**解**　若需求量 $Q = Q(p)$，由需求的价格弹性定义，有

$$E_p = \frac{p}{Q}\frac{\mathrm{d}Q}{\mathrm{d}p}$$

根据题设条件，有

---

① 弹性的定义见参考文献 [1]．

$$\frac{1}{Q^2} = \frac{p}{Q}\frac{\mathrm{d}Q}{\mathrm{d}p}$$

于是有关系式

$$\begin{cases} p\dfrac{\mathrm{d}Q}{\mathrm{d}p} = \dfrac{1}{Q} \\ Q(100) = 0 \end{cases}$$

这是一个反映需求量与价格之间函数关系的含有未知函数的导数的方程.

**定义 5.1**　含有未知函数的导数或微分的方程称为**微分方程**.

未知函数是一元函数的微分方程称为**常微分方程**. 例如，前面所举的例子都是常微分方程.

未知函数是多元函数的微分方程称为**偏微分方程**. 例如，

$$yz'_x + xz'_y + z = a, \quad a \text{ 为常数}$$
$$z''_{xx} + z''_{yx} = 0$$

等是偏微分方程.

本书只讨论常微分方程，若以后出现"微分方程"，均指常微分方程.

**定义 5.2**　微分方程中出现的未知函数的导数的最高阶数称为**微分方程的阶**.

前面所举各例都是一阶微分方程，而自由落体运动的加速度是其运动路程 $S(t)$ 的二阶导数，即

$$\frac{\mathrm{d}^2 S}{\mathrm{d}t^2} = g$$

是二阶微分方程. 又如，

$$y''y + (y')^3 - \sin x = 0$$
$$y^{(4)} + x^3 y^2 - y'\ln x = 5$$

分别是二阶和四阶的微分方程.

研究微分方程的一个主要任务是求出它的解. 那么什么是微分方程的解呢?

**定义 5.3**　如果将某个函数代入一个微分方程后，使得该方程转化为一个恒等式，则这个函数称为该微分方程的一个**解**.

容易验证，$y = x^2 + x$ 是微分方程 $y' = 2x + 1$ 的解. 又如，$y = x^2 + x + 1$，$y = x^2 + x + C$（$C$ 为任意常数）也是微分方程 $y' = 2x + 1$ 的解.

微分方程是含有导数的关系式，由导数求原来的函数一般是积分问题. 例如，已知

$$\frac{\mathrm{d}^2 S}{\mathrm{d}t^2} = g \tag{5-11}$$

对式（5-11）求不定积分，得到

$$\frac{\mathrm{d}S}{\mathrm{d}t} = gt + C_1$$

两边同时积分，得到

$$S(t) = \frac{1}{2}gt^2 + C_1 t + C_2 \tag{5-12}$$

式（5-12）是微分方程（5-11）的解，其中 $C_1$，$C_2$ 为任意常数. 因为这是二阶微分方程,故求解时，需要积分两次，每次积分就会得到一个任意常数，所以二阶微分方程的解中含有两个任意常数. 由于常数 $C_1$，$C_2$ 每取一组值就得到方程的一个解，因此，式（5-12）是微分方程（5-11）的解的一般形式.

为了确定这两个任意常数，就需要给出两个条件. 已经知道，式（5-11）是自由落体运动过程满足的方程. 另外，还需要给出自由落体运动的初始状态，如当 $t = 0$ 时，物体所处的位置 $S(0) = 0$，即从数轴的原点开始运动；物体初始是否具有速度，如 $\left.\dfrac{\mathrm{d}S}{\mathrm{d}t}\right|_{t=0} = 0$，即从静止状态开始运动.

将这两个条件：$S(0) = 0$ 和 $\left.\dfrac{\mathrm{d}S}{\mathrm{d}t}\right|_{t=0} = 0$ 代入式（5-12），推出 $C_2 = 0$，$C_1 = 0$，从而得到微分方程（5-11）的一个完全确定的解，即

$$S(t) = \frac{1}{2}gt^2 \tag{5-13}$$

为了确定微分方程解的一般形式中的任意常数所附加的条件称为**初始条件**（或**定解条件**）. 附加了初始条件的微分方程求解问题称为**初值问题**. 例如，

$$\begin{cases} \dfrac{\mathrm{d}^2 S}{\mathrm{d}t^2} = g \\ S(0) = 0, \ S'(0) = 0 \end{cases}$$

就是一个二阶微分方程的初值问题.

一阶微分方程只需附加一个初始条件. 例如，

$$\begin{cases} y' = 2x + 1 \\ y(0) = 1 \end{cases}$$

是一个一阶微分方程的初值问题，它的解是 $y = x^2 + x + 1$. 而 $y = x^2 + x$ 也是特定的解，是初值问题

$$\begin{cases} y' = 2x + 1 \\ y(0) = 0 \end{cases}$$

的解. 这说明同一个微分方程，在不同附加条件下的解可能不同.

**定义 5.4**　包含微分方程所有解的一般形式称为微分方程的**通解**，其中每个特定的解称为微分方程的**特解**.

一般来说，含有任意常数且任意常数的个数与微分方程的阶数相等的解称为该微分方程的通解，不含任意常数的解称为微分方程的特解.

**例 5.11**　试验证下列给定的函数是否为所给微分方程的解，若是解，请指出是特解还是通解.

（1）$(x + y)\mathrm{d}x + x\mathrm{d}y = 0$，已知函数 $y = \dfrac{C^2 - x^2}{2x}$（$C$ 为任意常数）；

（2）$y'' - 2y' + y = 0$，已知函数 $y = x\mathrm{e}^x$ ；

（3）微分方程同（2），已知函数 $y = x^2\mathrm{e}^x$ .

**解**　（1）求已知函数的微分，有

$$\mathrm{d}y = y'\mathrm{d}x = \left(\frac{C^2}{2x} - \frac{x}{2}\right)'\mathrm{d}x$$

$$= \left(-\frac{C^2}{2x^2} - \frac{1}{2}\right)\mathrm{d}x = -\frac{C^2 + x^2}{2x^2}\mathrm{d}x$$

代入原微分方程，得到

$$(x + y)\mathrm{d}x + x\mathrm{d}y = \left(x + \frac{C^2 - x^2}{2x}\right)\mathrm{d}x + x \cdot \left(-\frac{C^2 + x^2}{2x^2}\right)\mathrm{d}x = 0$$

由此可见，函数 $y = \dfrac{C^2 - x^2}{2x}$ 是方程 $(x + y)\mathrm{d}x + x\mathrm{d}y = 0$ 的解，且它只含一个任意常数，故它是一阶微分方程 $(x + y)\mathrm{d}x + x\mathrm{d}y = 0$ 的通解．

（2）求函数 $y = x\mathrm{e}^x$ 的一阶、二阶导数，即

$$y' = (x + 1)\mathrm{e}^x, \quad y'' = (x + 2)\mathrm{e}^x$$

代入原微分方程，得到

$$y'' - 2y' + y = (x + 2)\mathrm{e}^x - 2(x + 1)\mathrm{e}^x + x\mathrm{e}^x = 0$$

故 $y = x\mathrm{e}^x$ 是微分方程 $y'' - 2y' + y = 0$ 的解．因为该函数中不含任意常数，所以它是特解．

（3）求函数 $y = x^2\mathrm{e}^x$ 的一阶、二阶导数，即

$$y' = (2x + x^2)\mathrm{e}^x, \quad y'' = (2 + 4x + x^2)\mathrm{e}^x$$

代入原微分方程，得到

$$y'' - 2y' + y = (2 + 4x + x^2)\mathrm{e}^x - 2(2x + x^2)\mathrm{e}^x + x^2\mathrm{e}^x = 2\mathrm{e}^x$$

由此可见，函数 $y = x^2\mathrm{e}^x$ 不是微分方程 $y'' - 2y' + y = 0$ 的解．

下面讨论一阶微分方程，主要包括变量可分离的微分方程、齐次型微分方程和一阶线性微分方程．

### 5.2.2　变量可分离的微分方程

形如

$$\frac{\mathrm{d}y}{\mathrm{d}x} = f(x)g(y) \tag{5-14}$$

或

$$f_1(x)g_1(y)\mathrm{d}x = f_2(x)g_2(y)\mathrm{d}y \tag{5-15}$$

的微分方程称为**变量可分离的微分方程**．分别称式（5-14）和式（5-15）为显式变量可分离方程和微分形式变量可分离方程．

将方程（5-14）的形式化为

$$\frac{\mathrm{d}y}{g(y)} = f(x)\,\mathrm{d}x \tag{5-16}$$

再对式 (5-16) 的等号两端分别积分. 设 $G(y)$, $F(x)$ 分别是 $\frac{1}{g(y)}$ 和 $f(x)$ 的原函数, 可得

$$G(y) = F(x) + C \tag{5-17}$$

这就是方程 (5-14) 的通解.

而在方程 (5-15) 的等号两边同时除以 $f_2(x)g_1(y)$ 后再积分, 可得

$$\int \frac{g_2(y)}{g_1(y)}\mathrm{d}y = \int \frac{f_1(x)}{f_2(x)}\mathrm{d}x \tag{5-18}$$

这就是方程 (5-15) 的通解.

**例 5.12** 求解下列变量可分离的微分方程:

(1) $xy\mathrm{d}x + (x+1)\mathrm{d}y = 0$ ;

(2) $\begin{cases} xy' + y(y+1) = 0, \\ y(1) = 1. \end{cases}$

**解** (1) 原方程是微分形式变量可分离方程, 在它的等号两边同时除以 $y(x+1)$, 即分离变量, 移项后再积分, 可得

$$\int \frac{1}{y}\mathrm{d}y = -\int \frac{x}{x+1}\mathrm{d}x$$

计算积分得

$$\ln y = -\int \mathrm{d}x + \int \frac{\mathrm{d}x}{x+1}$$

$$\ln y = -x + \ln(x+1) + \ln C$$

整理得

$$\ln \frac{y}{C(x+1)} = -x$$

由此可得原方程的通解为 $y = C(x+1)\mathrm{e}^{-x}$.

(2) 原方程是显式变量可分离方程, 分离变量后, 得到

$$\frac{\mathrm{d}y}{y(y+1)} = -\frac{\mathrm{d}x}{x} \tag{5-19}$$

对式 (5-19) 的等号两边同时积分, 得到

$$\int \frac{\mathrm{d}y}{y(y+1)} = -\int \frac{\mathrm{d}x}{x}$$

$$\int \frac{\mathrm{d}y}{y} - \int \frac{\mathrm{d}y}{y+1} = -\ln x + \ln C$$

即

$$\ln \frac{y}{y+1} = \ln \frac{C}{x}$$

所以原方程的通解为

$$\frac{y}{y+1} = \frac{C}{x} \quad 或 \quad y = \frac{C}{x-C}$$

当 $x = 1$ 时，$y = 1$，代入通解，得到 $C = \frac{1}{2}$. 由此可得原方程的特解为 $y = \frac{1}{2x-1}$.

### 5.2.3 齐次型微分方程

形如

$$y' = f\left(\frac{y}{x}\right) \tag{5-20}$$

的微分方程称为齐次型微分方程.

令 $u = \frac{y}{x}$，则 $y = xu$，$y' = u + xu'$. 将其代入方程 $(5-20)$，得到关于未知函数 $u$ 和自变量 $x$ 的微分方程

$$xu' + u = f(u) \quad 或 \quad x\frac{\mathrm{d}u}{\mathrm{d}x} + u = f(u)$$

它是变量可分离的微分方程

$$\frac{\mathrm{d}u}{f(u) - u} = \frac{\mathrm{d}x}{x} \tag{5-21}$$

对式 $(5-21)$ 的等号两边分别积分，再还原变量后可得方程 $(5-20)$ 的解.

**例 5.13** 求解微分方程

$$xy' - \frac{x}{\cos\frac{y}{x}} = y$$

**解** 容易看出，这是齐次型微分方程. 等式两边同时除以 $x$，得

$$y' - \frac{1}{\cos\frac{y}{x}} = \frac{y}{x}$$

令

$$\frac{y}{x} = u, \quad y' = u + xu'$$

代入原方程中，整理得到

$$xu' = \frac{1}{\cos u}, \quad 即 \quad \cos u \mathrm{d}u = \frac{\mathrm{d}x}{x}$$

积分得到

$$\sin u = \ln|x| + C$$

于是，原方程的通解为

$$\sin\frac{y}{x} = \ln|x| + C$$

**例 5.14**　求微分方程

$$y^2 + (x^2 - xy)y' = 0$$

满足初始条件 $y\Big|_{x=1} = -1$ 的特解.

**解**　将原方程整理为

$$y' = \frac{y^2}{xy - x^2} = \frac{\left(\dfrac{y}{x}\right)^2}{\dfrac{y}{x} - 1} \tag{5-22}$$

这是齐次型微分方程. 令 $u = \dfrac{y}{x}$，则 $y = xu$，$y' = u + xu'$. 代入方程(5-22)中，可得

$$u + xu' = \frac{u^2}{u - 1} = u + 1 + \frac{1}{u - 1}$$

即

$$xu' = \frac{u}{u - 1}$$

分离变量，得到

$$\left(1 - \frac{1}{u}\right)du = \frac{dx}{x} \tag{5-23}$$

对式(5-23)的等号两边分别积分，得到

$$u - \ln u = \ln x + \ln C$$
$$u = \ln(Cxu)$$

即

$$Cxu = e^u$$

于是原方程的通解为 $Cy = e^{\frac{y}{x}}$. 代入初始条件 $y(1) = -1$，得到 $C = -e^{-1}$. 由此可得满足初始条件的特解为 $y = -e^{\frac{y}{x}+1}$.

### 5.2.4　一阶线性微分方程

形如

$$y' + p(x)y = q(x) \tag{5-24}$$

的微分方程称为**一阶线性微分方程**. "线性"是指在方程中含有未知函数 $y$ 和它的导数 $y'$ 的项都是关于 $y$，$y'$ 的一次项，而 $q(x)$ 称为自由项.

当自由项 $q(x) \equiv 0$ 时，

$$y' + p(x)y = 0 \tag{5-25}$$

称为**一阶线性齐次微分方程**. 当 $q(x) \not\equiv 0$ 时，方程(5-24)称为**一阶线性非齐次微分方程**.

**1. 线性齐次微分方程通解的求法**

注意到方程 (5−25) 是变量可分离的微分方程，移项并分离变量，再积分得到

$$\frac{\mathrm{d}y}{y} = -p(x)\mathrm{d}x$$

$$\ln y = -\int p(x)\mathrm{d}x + \ln C$$

$$y = Ce^{-\int p(x)\mathrm{d}x} \tag{5−26}$$

式 (5−26) 就是线性齐次微分方程 (5−25) 的通解公式.

**例 5.15**　求一阶线性齐次微分方程

$$\cos x \frac{\mathrm{d}y}{\mathrm{d}x} = y\sin x$$

的通解.

**解**　将原方程分离变量，得到

$$\frac{\mathrm{d}y}{y} = \frac{\sin x}{\cos x}\mathrm{d}x \tag{5−27}$$

对式 (5−27) 的等号两边分别积分，得到

$$\ln y = -\ln\cos x + \ln C$$

所以原方程的通解为

$$y = \frac{C}{\cos x}$$

**例 5.16**　求一阶线性齐次微分方程

$$xy\mathrm{d}x + \sqrt{1-x^2}\mathrm{d}y = 0$$

满足初始条件 $y(1) = 1$ 的特解.

**解**　将原微分形式的方程分离变量，得到

$$\frac{x\mathrm{d}x}{\sqrt{1-x^2}} = -\frac{\mathrm{d}y}{y} \tag{5−28}$$

对式 (5−28) 的等号两边分别积分，得到

$$\sqrt{1-x^2} = \ln y - \ln C$$

所以原方程的通解为

$$y = Ce^{\sqrt{1-x^2}}$$

当 $x=1$ 时，$y=1$，得到 $C=1$，故原方程满足初始条件的特解为

$$y = e^{\sqrt{1-x^2}}$$

**2. 线性非齐次微分方程通解求法**

［方法 1］如果在方程 (5−24) 的两边同时乘以某个函数 $u(x)$，且 $u'(x) = u(x)p(x)$，此时方程将变为

$$y'u(x) + u'(x)y = q(x)u(x)$$

即

$$[yu(x)]' = q(x)u(x) \qquad (5-29)$$

而 $u'(x) = u(x)p(x)$，即 $u'(x) - u(x)p(x) = 0$ 正是线性齐次微分方程，由式(5-26)得到

$$u(x) = \mathrm{e}^{\int p(x)\mathrm{d}x} \ (只是一个原函数)$$

代入式(5-29)后等号两边再分别积分，整理得到

$$y\mathrm{e}^{\int p(x)\mathrm{d}x} = \int q(x)\mathrm{e}^{\int p(x)\mathrm{d}x}\mathrm{d}x + C$$

于是得到一阶线性非齐次微分方程的通解公式

$$y = \mathrm{e}^{-\int p(x)\mathrm{d}x}\left[\int q(x)\mathrm{e}^{\int p(x)\mathrm{d}x}\mathrm{d}x + C\right] \qquad (5-30)$$

［方法 2］假设齐次微分方程(5-25)的通解公式(5-26)中的 $C$ 是一个函数，即

$$y = C(x)\mathrm{e}^{-\int p(x)\mathrm{d}x} \qquad (5-31)$$

若要使它满足方程(5-24)，$C(x)$ 应该如何选择呢？

将式(5-31)代入一阶线性非齐次微分方程(5-24)的等号左边，得到

$$y' + p(x)y = C'(x)\mathrm{e}^{-\int p(x)\mathrm{d}x} + C(x)\left[-p(x)\mathrm{e}^{-\int p(x)\mathrm{d}x}\right] + p(x)C(x)\mathrm{e}^{-\int p(x)\mathrm{d}x}$$

故

$$C'(x)\mathrm{e}^{-\int p(x)\mathrm{d}x} = q(x)$$

所以

$$C(x) = \int q(x)\mathrm{e}^{\int p(x)\mathrm{d}x}\mathrm{d}x + C, \quad C \text{ 为任意常数}$$

于是得到一阶线性非齐次微分方程的通解公式为

$$y = \mathrm{e}^{-\int p(x)\mathrm{d}x}\left[\int q(x)\mathrm{e}^{\int p(x)\mathrm{d}x}\mathrm{d}x + C\right]$$

上述方法称为常数变易法，就是将其齐次方程的通解公式中的任意常数 $C$ 变易为函数 $C(x)$，代回原非齐次微分方程中求得 $C(x)$，最后得到一阶线性非齐次微分方程的通解.

**例 5.17**  求下列一阶线性非齐次微分方程的通解：

(1) $y' + \dfrac{y}{x} = \dfrac{\sin x}{x}$ ；              (2) $y' - y\sin x = 2\sin 2x$ .

**解**  一阶线性非齐次微分方程有两种求解方法. 用公式法求解时一定要将方程化成标准形式.

(1)［方法 1］用公式法. 将 $p(x) = \dfrac{1}{x}$，$q(x) = \dfrac{\sin x}{x}$ 代入式(5-30)，可得

$$y = \mathrm{e}^{-\int \frac{1}{x}\mathrm{d}x}\left(\int \frac{\sin x}{x}\mathrm{e}^{\int \frac{1}{x}\mathrm{d}x}\mathrm{d}x + C\right)$$

$$= \mathrm{e}^{-\ln x}\left(\int \frac{\sin x}{x}\mathrm{e}^{\ln x}\mathrm{d}x + C\right) = \frac{1}{x}(-\cos x + C)$$

[方法 2] 用常数变易法. 先求齐次微分方程的通解, 得到

$$y = \frac{C}{x}$$

设原方程的解为 $y = \dfrac{C(x)}{x}$, 则

$$y' = \frac{C'(x)}{x} - \frac{C(x)}{x^2}.$$

将 $y'$, $y$ 代入原方程中, 得到

$$\frac{C'(x)}{x} = \frac{\sin x}{x}$$

即

$$C(x) = -\cos x + C$$

故原方程的通解为

$$y = \frac{-\cos x + C}{x}$$

(2) 本例只用公式法求解. 将 $p(x) = -\sin x$, $q(x) = 2\sin 2x$ 代入式(5 - 30), 可得

$$y = \mathrm{e}^{-\int -\sin x \mathrm{d}x}\left(\int 2\sin 2x \mathrm{e}^{\int -\sin x \mathrm{d}x}\mathrm{d}x + C\right)$$

$$= \mathrm{e}^{-\cos x}\left(2\int \sin 2x \mathrm{e}^{\cos x}\mathrm{d}x + C\right)$$

$$= 2\mathrm{e}^{-\cos x}\left(\int 2\sin x\cos x \mathrm{e}^{\cos x}\mathrm{d}x + C\right)$$

$$= 4\mathrm{e}^{-\cos x}\left(\int -\cos x \mathrm{e}^{\cos x}\mathrm{d}\cos x + C\right)$$

$$= 4\mathrm{e}^{-\cos x}\left(-\cos x \mathrm{e}^{\cos x} + \mathrm{e}^{\cos x} + C\right)$$

$$= 4 - 4\cos x + C\mathrm{e}^{-\cos x}$$

**例 5.18** 求解下列一阶线性非齐次微分方程的初值问题:

(1) $\begin{cases} y' - y = 2x\mathrm{e}^{2x}, \\ y(0) = 1; \end{cases}$ (2) $\begin{cases} xy' + y - \mathrm{e}^{x} = 0, \\ y(1) = \mathrm{e}. \end{cases}$

**解** (1) 原方程是非齐次微分方程, 利用通解公式 (5 - 30), 得到

$$y = \mathrm{e}^{\int \mathrm{d}x}\left[\int 2x\mathrm{e}^{2x}\mathrm{e}^{\int (-1)\mathrm{d}x}\mathrm{d}x + C\right]$$

$$= \mathrm{e}^{x}\left(2\int x\mathrm{e}^{x}\mathrm{d}x + C\right)$$

$$= 2\mathrm{e}^{2x}(x - 1) + C\mathrm{e}^{x}$$

当 $x = 0$ 时, $y = 1$, 得到 $C = 3$. 于是原方程满足初始条件的特解为

$$y = 2\mathrm{e}^{2x}(x - 1) + 3\mathrm{e}^{x}$$

（2）利用式（5 - 26）先求原方程对应的齐次微分方程的通解，得到

$$y = Ce^{-\int \frac{1}{x}dx} = \frac{C}{x}$$

再用常数变易法求解. 设原方程的解为

$$y = \frac{C(x)}{x}$$

则

$$y' = \frac{C'(x)x - C(x)}{x^2}$$

将它们代入原方程中，得到

$$xy' + y - e^x = C'(x) - \frac{C(x)}{x} + \frac{C(x)}{x} - e^x = 0$$

即 $C'(x) = e^x$，故 $C(x) = e^x + C$. 于是原方程的通解为

$$y = \frac{e^x + C}{x}$$

当 $x = 1$ 时，$y = e$，得到 $C = 0$. 于是原方程满足初始条件的特解为

$$y = \frac{e^x}{x}$$

注意：例 5.18（2）中利用式（5 - 30）求解时，$p(x) = \frac{1}{x}$，$q(x) = \frac{e^x}{x}$.

### 5.2.5　一阶微分方程应用举例

我们已经熟悉了三种一阶微分方程的解法：变量可分离型、齐次型和一阶线性微分方程，但要应用于实际问题，首先要解决建立方程的问题. 建立方程不完全是数学中的事情，它涉及许多其他学科的知识. 这里仅就一些几何、力学、电学、光学、经济、污染等问题举几个例子，以便了解微分方程在实际中的重要性，并熟悉建立微分方程的基本方法和步骤.

**例 5.19**（几何问题）　求过原点的曲线，使该曲线上任一点 $P$ 与 $P$ 处的法线和 $x$ 轴的交点 $M$ 之间的距离 $PM$ 等于常数 $a(a > 0)$. ［提示：曲线上任一点 $P(x, y)$ 处的切线斜率为 $y'$，法线斜率为 $-\frac{1}{y'}$. ］

**解**　设曲线方程为 $y = f(x)$，则曲线上任一点 $P(x, y)$ 处的法线方程为

$$Y - y = -\frac{1}{y'}(X - x)$$

其中 $(x, y)$ 表示法线上任一点 $P$ 的坐标.

当 $Y = 0$ 时，$X = x + yy'$，即法线与 $x$ 轴的交点 $M$ 的坐标为 $(x + yy', 0)$. 由已知条件

$PM = a$，有

$$\sqrt{[x - (x + yy')]^2 + (y - 0)^2} = a$$

化简后得到

$$y^2 (y')^2 + y^2 = a^2$$

从而

$$y' = \pm \sqrt{\dfrac{a^2 - y^2}{y^2}}$$

分离变量，有

$$\frac{y}{\sqrt{a^2 - y^2}} dy = \pm dx$$

等号两边分别积分，得到

$$- \sqrt{a^2 - y^2} = \pm x + C$$

曲线通过坐标原点，即 $y(0) = 0$，代入求得 $C = -a$. 于是所求曲线为

$$(x \pm a)^2 + y^2 = a^2$$

这是圆心在点 $(\mp a, 0)$，半径为 $a$ 的圆.

**例 5.20**（动力学问题）　物体由高空下落，除受重力作用以外，还受到空气阻力的作用. 在速度不太大的情况下（低于音速的 4/5），可将空气阻力看成与速度的平方成正比. 试证明在这种情况下落体存在极限速度 $v_1$.

**解**　设物体的质量为 $m$，空气阻力系数为 $k$，又设在时刻 $t$ 物体的下落速度为 $v$，于是在时刻 $t$ 物体所受的合外力为

$$f = mg - kv^2 \quad （重力 - 空气阻力）$$

这里，建立坐标系，使得重力 $mg$ 方向向下，与运动方向一致；空气阻力方向向上，与运动方向相反. 根据牛顿第二定律，可列出微分方程

$$m \frac{dv}{dt} = mg - kv^2 \tag{5-32}$$

因为是自由落体，所以有 $v(0) = 0$. 对式（5-32）分离变量，积分得到

$$\int_0^v \frac{m}{mg - kv^2} dv = \int_0^t dt$$

$$\frac{1}{2} \sqrt{\frac{m}{kg}} \ln \frac{\sqrt{mg} + \sqrt{k}v}{\sqrt{mg} - \sqrt{k}v} = t$$

或

$$\ln \frac{\sqrt{mg} + \sqrt{k}v}{\sqrt{mg} - \sqrt{k}v} = 2 \sqrt{\frac{kg}{m}} \cdot t$$

解出 $v$，得到

$$v = \frac{\sqrt{mg}(e^{2\sqrt{\frac{kg}{m}} \cdot t} - 1)}{\sqrt{k}(e^{2\sqrt{\frac{kg}{m}} \cdot t} + 1)}$$

当 $t \to +\infty$ 时，有

$$\lim_{t \to +\infty} v = \sqrt{\frac{mg}{k}} = v_1 \qquad\qquad (5-33)$$

据测定，$k = \alpha \rho s$，其中 $\alpha$ 为与物体形状有关的常数，$\rho$ 为介质密度，$s$ 为物体在地面上的投影面积.

人们正是根据式（5-33）为跳伞者设计保证安全的降落伞的直径大小的. 在落地速度 $v_1$，$m$，$\alpha$ 与 $\rho$ 一定时，可定出 $s$.

**例 5.21**（电学问题）  设有如图 5-15 所示的电路，其中 $e = E_0 \sin\omega t$ 为交流电源的电动势；$R$ 为电阻，当电流为 $i$ 时，它产生的电压降为 $Ri$；$L$ 为电感，它产生的电压降为 $L\dfrac{di}{dt}$，$L$ 为常数. 设时刻 $t = 0$ 时，电路的电流为 $i_0$，求电流 $i$ 与时间 $t$ 的关系.

**解**  根据基尔霍夫（Kirchhoff）定律，电流 $i$ 与时间 $t$ 有如下的关系：

$$E_0 \sin\omega t = Ri + L\frac{di}{dt}$$

整理后，得到关于 $i$ 的线性方程

$$\frac{di}{dt} = -\frac{R}{L}i + \frac{E_0}{L}\sin\omega t$$

即要求解初值问题

$$\begin{cases} \dfrac{di}{dt} = -\dfrac{R}{L}i + \dfrac{E_0}{L}\sin\omega t \\ i(0) = i_0 \end{cases}$$

由式（5-30）可得

$$i(t) = i_0 e^{-\frac{R}{L}t} + \frac{E_0}{L}e^{-\frac{R}{L}t}\int_0^t e^{\frac{R}{L}s}\sin\omega s\, ds$$

积分后得到

$$i(t) = \left(i_0 + \frac{E_0 L\omega}{R^2 + L^2\omega^2}\right)e^{-\frac{R}{L}t} + \frac{E_0}{R^2 + L^2\omega^2}(R\sin\omega t - L\omega\cos\omega t)$$

因为 $R > 0$，$L > 0$，故当时间 $t$ 充分大时，第一项趋于 0，只剩下第二项.

第二项经化简后，成为

$$i(t) = \frac{E_0}{\sqrt{R^2 + L^2\omega^2}}\sin(\omega t - \varphi)$$

其中 $\varphi = \arcsin\dfrac{L\omega}{\sqrt{R^2 + L^2\omega^2}}$.

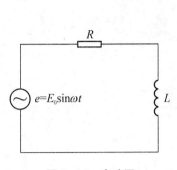

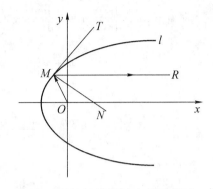

图 5 - 15　电路图　　　　　　　　　图 5 - 16　抛物线的光学性质图

**例 5.22**（抛物线的光学性质）　在中学平面解析几何中已经指出，汽车前灯和探照灯的反射镜面都取为旋转抛物面，就是将抛物线绕对称轴旋转一周所形成的曲面. 将光源安置在抛物线的焦点处，光线经镜面反射就成为平行光线了. 这个问题在平面解析几何中已经进行了证明，现在来说明具有上述性质的曲线只有抛物线.

**解**　由于对称性，只考虑在过旋转轴的一个平面上的轮廓线 $l$. 如图 5 - 16 所示，以旋转轴为 $Ox$ 轴，光源放在原点 $O(0,0)$ 处. 设 $l$ 的方程为 $y = y(x)$，由点 $O$ 发出的光线经镜面反射后平行于 $Ox$ 轴.

设 $M(x,y)$ 为 $l$ 上任意一点，光线 $\overline{OM}$ 经反射后为 $\overline{MR}$. $\overline{MT}$ 为 $l$ 在点 $M$ 处的切线，$\overline{MN}$ 为 $l$ 在点 $M$ 处的法线，根据光线的反射定律，有

$$\angle OMN = \angle NMR$$

从而

$$\tan\angle OMN = \tan\angle NMR$$

因为 $\overline{MT}$ 的斜率为 $y'$，$\overline{MN}$ 的斜率为 $-\dfrac{1}{y'}$，所以由夹角正切公式，得到

$$\tan\angle OMN = \frac{-\dfrac{1}{y'} - \dfrac{y}{x}}{1 - \dfrac{y}{xy'}}, \quad \tan\angle NMR = \frac{1}{y'}$$

从而

$$\frac{1}{y'} = -\frac{x + yy'}{xy' - y}$$

即得到微分方程

$$yy'^2 + 2xy' - y = 0$$

解出 $y'$，得到齐次方程

$$y' = -\frac{x}{y} \pm \sqrt{\left(\frac{x}{y}\right)^2 + 1} \tag{5-34}$$

令 $\dfrac{y}{x} = u$ ，即 $y = xu$ ，$\dfrac{\mathrm{d}y}{\mathrm{d}x} = u + x\dfrac{\mathrm{d}u}{\mathrm{d}x}$ ，代入式（5-34）得到

$$u + x\frac{\mathrm{d}u}{\mathrm{d}x} = \frac{-1 \pm \sqrt{1+u^2}}{u}$$

或

$$x\frac{\mathrm{d}u}{\mathrm{d}x} = \frac{-(1+u^2) \pm \sqrt{1+u^2}}{u}$$

分离变量后，得到

$$\frac{u\mathrm{d}u}{(1+u^2) \mp \sqrt{1+u^2}} = -\frac{1}{x}\mathrm{d}x \qquad (5-35)$$

令 $1 + u^2 = t^2$ ，则式（5-35）变为

$$\frac{t\mathrm{d}t}{t(t \mp 1)} = -\frac{1}{x}\mathrm{d}x ，即 \frac{\mathrm{d}t}{t \mp 1} = -\frac{1}{x}\mathrm{d}x$$

积分后，得到

$$\ln|t \mp 1| = \ln\left|\frac{C}{x}\right| \quad 或 \quad \sqrt{u^2+1} \mp 1 = \frac{C}{x}$$

即

$$\sqrt{u^2+1} = \frac{C}{x} \pm 1$$

两端平方，得到

$$u^2 + 1 = \left(\frac{C}{x} \pm 1\right)^2$$

化简后，得到

$$u^2 = \frac{C^2}{x^2} + \frac{2C}{x}$$

以 $u = \dfrac{y}{x}$ 代入，得到

$$y^2 = 2Cx + C^2 = 2C\left(x + \frac{C}{2}\right)$$

这是一簇以原点为焦点的抛物线．

**例 5.23**（广告问题） 已知某公司的纯利润 $L$ 对广告费 $x$ 的变化率 $\dfrac{\mathrm{d}L}{\mathrm{d}x}$ 与常数 $A$ 和纯利润 $L$ 之差成正比．当 $x = 0$ 时，$L = L_0$. 试求纯利润 $L$ 与广告费 $x$ 之间的函数关系．

**解** 由题意，列出微分方程

$$\begin{cases} \dfrac{\mathrm{d}L}{\mathrm{d}x} = k(A - L) （k 为常数） \\ L\Big|_{x=0} = L_0 \end{cases}$$

这是一阶线性微分方程, 由于自由项是常数, 也可以将其视为变量可分离的微分方程.

由式 (5-30) 得到通解为

$$L = e^{\int -k\mathrm{d}x}\left( \int kAe^{\int k\mathrm{d}x}\mathrm{d}x + C \right) = e^{-kx}\left( \int kAe^{kx}\mathrm{d}x + C \right)$$

$$= e^{-kx}(Ae^{kx} + C) = Ce^{-kx} + A$$

当 $x = 0$ 时, $L = L_0$, 从而得到 $C = L_0 - A$. 于是纯利润 $L$ 与广告费 $x$ 之间的函数关系为

$$L = A - (A - L_0)e^{-kx}$$

**例 5.24**（商品销售问题）　在商品销售预测中, 时刻 $t$ 的销售量用 $x = x(t)$ 表示. 如果商品销售量的增长速度 $\dfrac{\mathrm{d}x(t)}{\mathrm{d}t}$ 与销售量 $x(t)$ 和销售接近饱和水平的程度 $a - x(t)$ 的乘积 （$a$ 为饱和水平）成正比, 求销售量函数 $x(t)$.

**解**　据题意, 可建立微分方程

$$\frac{\mathrm{d}x(t)}{\mathrm{d}t} = kx(t)[a - x(t)]$$

其中 $k$ 为比例因子. 分离变量, 得到

$$\frac{\mathrm{d}x(t)}{x(t)[a - x(t)]} = k\mathrm{d}t$$

将等式变形, 得到

$$\left[ \frac{1}{x(t)} + \frac{1}{a - x(t)} \right]\mathrm{d}x(t) = ak\mathrm{d}t$$

等号两边分别积分, 得到

$$\ln \frac{x(t)}{a - x(t)} = akt + C_1, \quad C_1 \text{ 为任意常数}$$

即

$$\frac{x(t)}{a - x(t)} = e^{akt + C_1} = Ce^{akt}, \quad C \text{ 为任意常数}$$

从而可得通解为

$$x(t) = \frac{aCe^{akt}}{1 + Ce^{akt}} = \frac{a}{1 + Ce^{-akt}}, \quad C \text{ 为任意常数}$$

其中任意常数 $C$ 将由给定的初始条件确定. 该函数的图形如图 5-17 所示. 该曲线称为**逻辑斯谛曲线**.

**例 5.25**（污染问题）　随着经济的高速增长, 环境污染问题备受关注. 经测量知, 某水库目前的污染物总量已达 $Q_0$（单位: t）, 且污染物均匀地分散在水中. 如果不再向水库排污, 则清水以不变的速度 $r$（单位: 立方千米/年）流入水库, 并立即与水库中的水混合, 水库中的水又以同样的速度 $r$ 流出. 若记当前的时刻为 $t = 0$.

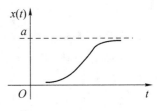

**图 5-17　逻辑斯谛曲线**

（1）求时刻 $t$ 水库中残留污染物的数量 $Q(t)$；

（2）问需要多少年，才能使水库中污染物的数量降至原来的 10%？

**解** （1）依题意，在时刻 $t$ $(t \geq 0)$，污染物数量的变化率为

$$Q(t) \text{ 的变化率} = - \text{污染物的流出速度}$$

其中负号表示停止排污后 $Q$ 将随时间逐渐减少. 此时，污染物的质量浓度为

$$\frac{Q(t)}{V}$$

其中 $V$ 为水库中水的容量. 因为水库中的水以速度 $r$ 流出，所以

$$\text{污染物的流出速度} = \text{污水的流出速度} \times \frac{Q(t)}{V} = r \frac{Q(t)}{V}$$

由此可得微分方程

$$\frac{\mathrm{d}Q(t)}{\mathrm{d}t} = - \frac{r}{V} Q(t)$$

这是一个变量可分离的微分方程. 分离变量，得到

$$\frac{\mathrm{d}Q(t)}{Q(t)} = - \frac{r}{V} \mathrm{d}t$$

对等号两边分别积分，得到

$$\ln Q(t) = - \frac{r}{V} t + \ln C, \text{ 即 } Q(t) = C \mathrm{e}^{-\frac{r}{V}t} \tag{5-36}$$

将所给初始条件 $Q(0) = Q_0$ 代入式(5-36)，得到 $C = Q_0$. 于是污染物数量满足的关系式为

$$Q(t) = Q_0 \mathrm{e}^{-\frac{r}{V}t}$$

（2）该小题是求当 $Q(t) = 10\% Q_0$ 时，$t$ 等于多少. 由

$$10\% Q_0 = Q_0 \mathrm{e}^{-\frac{r}{V}t}$$

得到 $0.1 = \mathrm{e}^{-\frac{r}{V}t}$，解得 $t \approx \frac{2.3V}{r}$ 年.

例如，当水库的库存量为 $V = 5\,000\,\mathrm{km}^3$，流出（入）的速度为 $2\,000$ 立方千米/年时，可得

$$t \approx \frac{2.3 \times 5\,000}{2\,000} = 5.75 \text{（年）}$$

**本节关键词** 微分方程 微分方程的阶 初值问题 通解 特解 变量可分离的微分方程 齐次型微分方程 一阶线性微分方程

## 练习 5.2

1. 指出下列微分方程的阶数：

（1）$(y'')^2 + 3(y')^4 - y^5 + 6x^8 = 0$；     （2）$x^2(y')^3 - 5yy' + \mathrm{e}^x = 0$；

（3）$xy'' + (y')^3 - 5xy' = \sin x$.

2. 求下列微分方程的通解和满足初始条件的特解：

（1）$(1 + x)\mathrm{d}y = (1 - y)\mathrm{d}x$；

（2）$y\ln x\mathrm{d}x + x\ln y\mathrm{d}y = 0$；

（3）$\tan y\mathrm{d}x - \cot x\mathrm{d}y = 0$；

（4）$y' = \mathrm{e}^{x-y}$，$y(0) = 2$；

（5）$y' = \dfrac{xy + y}{x + xy}$，$y(1) = 1$；

（6）$\dfrac{y}{x}y' + \mathrm{e}^y = 0$，$y(1) = 0$.

3. 求下列齐次型微分方程的通解：

（1）$(x + 2y)\mathrm{d}x - x\mathrm{d}y = 0$；

（2）$(y^2 - 2xy)\mathrm{d}x + x^2\mathrm{d}y = 0$；

（3）$(x^2 + y^2)\dfrac{\mathrm{d}y}{\mathrm{d}x} = 2xy$；

（4）$xy' - y = x\tan\dfrac{x}{y}$；

（5）$xy' - y = (x + y)\ln\dfrac{x + y}{x}$；

（6）$x^2y' = xy - y^2$.

4. 求下列微分方程的通解和在给定初始条件下的特解：

（1）$y' - 2y = \mathrm{e}^x$；

（2）$y' - \dfrac{2y}{1 + x} = (x + 1)^3$；

（3）$xy' - 2y = x^3\cos x$，$y\left(\dfrac{\pi}{2}\right) = \dfrac{\pi^2}{4}$；

（4）$y' - y\tan x = \dfrac{1}{\cos x}$，$y(0) = 0$.

5. 设过曲线上任意一点的切线斜率都等于该点与坐标原点所连直线斜率的 3 倍，求此曲线方程.

6. 质量为 $m$ 的物体由高空以初速度为 0 下落，除受重力作用以外，还受到空气阻力的作用. 设空气阻力与速度成正比，试求落体的极限速度.

7. 已知某产品的利润 $L$ 是广告支出 $x$ 的函数，满足

$$\frac{\mathrm{d}L}{\mathrm{d}x} = b - a(L + x)$$

其中 $a > 0$，$b > 0$ 为常数，且当 $x = 0$ 时，$L(0) = L_0$，求利润函数.

## 本章小结

与导数应用一样，本章所涉及的概念是来自应用的对象，而解决问题的方法是第 4 章所学积分的有关知识. 也就是说，本章的主要内容是利用所学的积分知识解决有关应用问题，所以进一步理解积分的有关概念，尤其是有关公式的内在含义，熟悉并掌握基本的积分方法是学好本章的前提.

（1）定积分可应用于求平面图形的面积. 设函数 $f(x)$ 在区间 $[a, b]$ 上连续，且 $f(x) \geqslant 0$，则由定积分的定义可知，曲线 $y = f(x)$ 与 $y = 0$（$x$ 轴）及直线 $x = a$，$x = b$ 围成的曲边梯形的面积为

$$A = \int_a^b f(x)\mathrm{d}x$$

若把直线 $y = 0$（$x$ 轴）换成另一条曲线 $y = g(x)$，且满足 $g(x) \leqslant f(x)$（$x \in [a, b]$），则由两条曲线 $y = f(x)$ 和 $y = g(x)$ 与直线 $x = a$，$x = b$ 围成平面图形的面积为

$$A = \int_a^b [f(x) - g(x)] \mathrm{d}x$$

类似地，积分变量为 $y$ 的平面图形面积的计算公式为

$$A = \int_c^d \varphi(y) \mathrm{d}y \quad \text{和} \quad A = \int_c^d [\varphi(y) - \psi(y)] \mathrm{d}y$$

其中

$$\psi(y) \leqslant \varphi(y)(x \in [c, d])$$

在运用公式时，要注意选择合适的积分变量 $x$ 或 $y$，尽量使计算简化.

（2）由连续曲线 $y = f(x)$（$\geqslant 0$），$x$ 轴及直线 $x = a$，$x = b(a < b)$ 所围成的平面图形绕 $x$ 轴旋转得到的旋转体的体积为

$$V = \pi \int_a^b f^2(x) \mathrm{d}x$$

类似地，由曲线 $x = \varphi(y)$，$y$ 轴及直线 $y = c$，$y = d$ 所围成的曲边梯形绕 $y$ 轴旋转得到的旋转体的体积为

$$V = \pi \int_c^d \varphi^2(y) \mathrm{d}y$$

（3）在微分方程中，首先要清楚微分方程的基本概念，其次要清楚需要求解的微分方程的类型，因为它决定了解决问题的方法.

① 变量可分离的微分方程为

$$\frac{\mathrm{d}y}{\mathrm{d}x} = f(x)g(y) \quad \text{或} \quad f_1(x)g_1(y)\mathrm{d}x = f_2(x)g_2(y)\mathrm{d}y$$

对这类方程可以先分离变量，再两边积分，求得原方程的解.

② 对齐次型微分方程

$$y' = f\left(\frac{y}{x}\right)$$

可以令 $u = \dfrac{y}{x}$，将其化为变量可分离的微分方程，再求其解.

③ 一阶线性非齐次方程的一般形式为

$$y' + p(x)y = q(x)$$

可用公式法或常数变易法求其通解.

# 习 题 5

1. 求由下列曲线所围成的平面图形的面积：

（1）$y = x^2$ 和直线 $y = 2x$；　　　　　　（2）$y^2 = 2x$ 和直线 $y = x - 4$；

（3）$y = 1 - \mathrm{e}^x$，$y = 1 - \mathrm{e}^{-x}$ 和直线 $x = 1$；（4）$y = x^3$ 和 $y = 3\sqrt{x}$；

(5) $y = \sin x$ 和直线 $x = \dfrac{\pi}{2}$，$y = 0$，在区间 $\left[0, \dfrac{\pi}{2}\right]$ 上；

(6) $y = \dfrac{1}{x}$ 和直线 $y = x$，$y = 2$.

2. 求曲线 $y = x^2$ 与直线 $y = 1$ 所围成的图形绕 $x$ 轴旋转得到的旋转体的体积.

3. 求曲线 $y = e^x (x \leqslant 0)$ 及 $x = 0$，$y = 0$ 所围成的图形分别绕 $x$ 轴和 $y$ 轴旋转得到的旋转体的体积.

4. 验证：对任意的常数 $C$，$y = Ce^x$ 是微分方程 $y' = y$ 的通解.

5. 验证：函数 $y = 2e^{x^2}$ 是微分方程 $y' = 2xy$ 满足初始条件 $y(0) = 2$ 的特解.

6. 求解下列变量可分离的微分方程：

(1) $y(1 + y) + xy' = 0$；

(2) $\dfrac{x}{\cos y}dx + (x + 1)dy = 0$；

(3) $(1 + y)dx - (1 - x)dy = 0$；

(4) $(xy^2 + x)dx + (1 - x^2)ydy = 0$.

7. 求解下列初值问题：

(1) $\begin{cases} (1 + e^x)yy' = e^x, \\ y(0) = 1; \end{cases}$

(2) $\begin{cases} e^x y' + x(1 + y) = 0, \\ y(0) = 0; \end{cases}$

(3) $\begin{cases} \dfrac{1}{y}dx + \dfrac{1}{x}dy = 0, \\ y(3) = 4; \end{cases}$

(4) $\begin{cases} \dfrac{x}{1 + y}dx - \dfrac{y}{1 + x}dy = 0, \\ y(1) = 0. \end{cases}$

8. 求解下列齐次型微分方程：

(1) $y' = \dfrac{y}{x} + e^{\frac{y}{x}}$；

(2) $xy' - x\sin\dfrac{y}{x} - y = 0$；

(3) $y' = \dfrac{y}{y - x}$.

9. 求解下列初值问题：

(1) $\begin{cases} y' - \dfrac{y}{x} = \tan\dfrac{y}{x}, \\ y(1) = \dfrac{\pi}{6}; \end{cases}$

(2) $\begin{cases} y' - \dfrac{y}{x} + \dfrac{\ln x}{x} = 0, \\ y(1) = 1. \end{cases}$

10. 求下列一阶线性齐次微分方程的通解：

(1) $y' + \dfrac{x}{x + 1}y = 0$；

(2) $xydx + (x^2 + 1)dy = 0$.

11. 求下列一阶线性齐次微分方程的初值问题：

(1) $\begin{cases} y' + xy = 0, \\ y(0) = 2; \end{cases}$

(2) $\begin{cases} xydx + \sqrt{1 - x^2}dy = 0, \\ y(1) = 1; \end{cases}$

(3) $\begin{cases} \cos x\dfrac{dy}{dx} = y\sin x, \\ y(0) = 1. \end{cases}$

12. 求下列一阶线性非齐次微分方程的通解：

（1）$y' - \dfrac{1}{x}y = \dfrac{1}{x+1}$；  （2）$y' - y = 2xe^x$；

（3）$y' - \dfrac{y}{x+1} = e^x(x+1)$；  （4）$y' + \dfrac{y}{x} = \dfrac{\sin x}{x}$.

13. 求下列一阶线性非齐次微分方程的初值问题：

（1）$\begin{cases} y' + 2xy = xe^{-x^2}, \\ y(0) = 1; \end{cases}$  （2）$\begin{cases} xy' + y = \cos x, \\ y(\pi) = 1; \end{cases}$

（3）$\begin{cases} y' = x + y - 1, \\ y(0) = 1; \end{cases}$  （4）$\begin{cases} y' - \dfrac{y}{x+2} = x^2 + 2x, \\ y(-1) = \dfrac{3}{2}; \end{cases}$

14. 求一条曲线，使其上每一点的切线斜率为该点横坐标的 2 倍，且通过点 $P$ (3，4)．

15. 人工繁殖细菌，其增长速度和当时的细菌数成正比．

（1）如果过 4 h 的细菌数即为原细菌数的 2 倍，那么经过 12 h 应有多少？

（2）如果在 3 h 时细菌数为 $10^4$ 个，在 5 h 时为 $4 \times 10^4$ 个，那么在开始时有多少个细菌？

16. 加热后的物体在空气中冷却的速度与每一瞬时物体温度和空气温度之差成正比，试确定物体温度与时间 $t$ 的关系．

# 学习指导

## 一、疑难解析

### （一）关于平面图形的面积

求平面曲线围成的几何图形的面积时，要注意以下几点：

（1）要熟悉已知由一条曲线 $y = f(x)$ 与 $x$ 轴及直线 $x = a$，$x = b$ 所围成的曲边梯形的面积为

$$A = \int_a^b |f(x)|\,\mathrm{d}x$$

具体来说，即

① 若在区间 $[a, b]$ 上，$f(x) \geq 0$，则 $A = \int_a^b f(x)\,\mathrm{d}x$；

② 若在区间 $[a, b]$ 上，$f(x) < 0$，则 $A = -\int_a^b f(x)\,\mathrm{d}x$.

由此可知，若当 $x \in [a, c]$ 时，$f(x) \geq 0$；当 $x \in [c, b]$ 时，$f(x) < 0$，则

$$A = \int_a^c f(x)\,\mathrm{d}x - \int_c^b f(x)\,\mathrm{d}x$$

（2）要在理解定积分的上述几何意义的基础上，通过几何图形的简单加减求得由两条曲线 $y = f(x)$，$y = g(x)$ 与 $x = a$，$x = b$ 所围成的平面图形的面积，其计算公式为

$$A = \int_a^b |f(x) - g(x)| \mathrm{d}x$$

即

① 当 $f(x) \geqslant g(x)$ 时，由曲线 $y = f(x)$，$y = g(x)$ 与 $x = a$，$x = b$ 所围成的平面图形的面积为

$$A = A_1 - A_2 = \int_a^b f(x)\mathrm{d}x - \int_a^b g(x)\mathrm{d}x$$
$$= \int_a^b [f(x) - g(x)]\mathrm{d}x$$

② 当 $x \in [a, c]$ 时，$f(x) \geqslant g(x)$；而当 $x \in [c, b]$ 时，$f(x) < g(x)$. 由曲线 $y = f(x)$，$y = g(x)$ 与 $x = a$，$x = b$ 所围成的平面图形的面积为

$$A = A_1 - A_2 = \int_a^c [f(x) - g(x)]\mathrm{d}x + \int_c^b [g(x) - f(x)]\mathrm{d}x$$

（3）求平面图形面积的一般步骤如下：

① 画出所围成的平面图形的草图.

② 求出各有关曲线的交点及边界点，以确定积分上、下限.

③ 利用定积分的几何意义（上述各式）确定所求面积的定积分.

④ 计算定积分的值.

**（二）关于旋转体的体积**

求旋转体的体积问题是已知平行截面面积求立体体积的特殊情况. 在求旋转体的体积时，首先根据旋转体的形状确定是对 $x$ 积分，还是对 $y$ 积分. 一般地，求 $y = f(x)$，$x = a$，$x = b$ 所围成的曲边梯形绕 $x$ 轴旋转时，把旋转体看成由一系列与 $x$ 轴垂直的圆形薄片[其截面面积为 $A(x) = \pi f^2(x)$]组成，以此薄片的体积作为体积元素在区间 $[a, b]$ 上积分，即

$$V = \pi \int_a^b f^2(x)\mathrm{d}x$$

同理，由曲线 $x = \varphi(y)$，$y$ 轴及直线 $y = c$，$y = d$ 所围成的曲边梯形绕 $y$ 轴旋转所得旋转体的体积为

$$V = \pi \int_c^d \varphi^2(y)\mathrm{d}y$$

可以把这类问题推广到绕平行于 $x$ 轴或 $y$ 轴的直线旋转的旋转体体积，也可以把问题推广为 $y = f(x)$，$y = g(x)$，$x = a$，$x = b$ 所围成的区域绕 $x$ 轴或 $y$ 轴旋转的旋转体体积，只需把它看成两个曲边梯形的差即可.

**（三）关于微分方程**

在微分方程的学习过程中，首先要熟悉微分方程的阶、解、通解、特解、初始条件等基本概念；然后要学会判别微分方程的类型，理解线性微分方程的结构.

本章主要介绍了三种类型一阶微分方程的求解方法：变量可分离型、齐次型和线性方程．

（1）对于一阶微分方程，首先看它是否可以经过恒等变形将变量分离，变量可分离的微分方程的一般形式为

$$f(x)\,\mathrm{d}x = g(y)\,\mathrm{d}y$$

然后等号两边分别积分，可求得方程的解．

（2）对齐次型微分方程

$$y' = f\left(\frac{y}{x}\right)$$

可以令 $u = \dfrac{y}{x}$，将原方程化为关于函数 $u$ 与自变量 $x$ 的变量可分离的微分方程，即

$$xu' + u = f(u) \quad \text{或} \quad \frac{\mathrm{d}u}{f(u) - u} = \frac{\mathrm{d}x}{x}$$

再求其解．

（3）对于一阶线性微分方程，首先用分离变量法求解其相应的齐次方程，再用常数变易法求出非齐次方程的通解；当然也可以直接代入下列通解公式：

$$y = \mathrm{e}^{-\int p(x)\,\mathrm{d}x}\left[\int q(x)\,\mathrm{e}^{\int p(x)\,\mathrm{d}x}\,\mathrm{d}x + C\right]$$

求其通解．

应用问题是难点之一．在求解时，首先需要列出微分方程．可以根据相关学科知识，分析所研究的变量应该遵循的规律，找出各个变量之间的等量关系，列出微分方程．然后根据微分方程的类型用相应的方法求解．需要注意的是，有的应用问题还含有初始条件．

## 二、典型例题

**例1**　已知曲线 $y = F(x)$ 在任意一点 $x$ 处的切线斜率为 $2x^{-\frac{1}{2}}$ 且过点 $(1, 1)$，试求该曲线方程．

**分析**　由第2章中的知识可知，若已知一个曲线方程 $y = F(x)$，求其在任意一点 $x$ 处的切线斜率 $k$，则 $k = F'(x)$．本例中的问题正好与上述问题相反，即已知 $F(x)$ 的导数 $F'(x) = 2x^{-\frac{1}{2}}$，要求出 $F(x)$，这正是求原函数问题．

**解**　由 $F'(x) = 2x^{-\frac{1}{2}}$ 可知，$F(x)$ 是 $2x^{-\frac{1}{2}}$ 的一个原函数．按不定积分的定义，$F(x)$ 可由 $2x^{-\frac{1}{2}}$ 的不定积分求得，即

$$F(x) = \int 2x^{-\frac{1}{2}}\,\mathrm{d}x = 4x^{\frac{1}{2}} + C$$

因为曲线过点 $(1, 1)$，将 $x = 1$，$y = 1$ 代入 $y = 4x^{\frac{1}{2}} + C$ 中，得到 $C = -3$．因此，曲线方程为

$$y = 4x^{\frac{1}{2}} - 3$$

**例 2** 求由曲线 $y = \sqrt{x} - 1$ 与 $x$ 轴及直线 $x = 0$, $x = 4$ 所围成的图形面积.

**分析** 求平面曲线所围成图形的面积,实际上就是按照定理 5.1 所表述的定积分的几何意义求解此题. 当 $f(x) \geqslant 0$ 时,由曲线 $y = f(x)$ 与 $x$ 轴及直线 $x = a$, $x = b$ 所围成的图形面积为 $A = \int_a^b f(x)\mathrm{d}x$;当 $f(x) < 0$ 时,$A = -\int_a^b f(x)\mathrm{d}x$;对任意的 $f(x)$,$A = \int_a^b |f(x)|\mathrm{d}x$. 在计算过程中,通过几何图形来确定公式中的正负号.

在本例中,曲线 $y = \sqrt{x} - 1$ 在区间 $[0, 1]$ 上为负,故在此区间上的面积 $A_1 = -\int_0^1 (\sqrt{x} - 1)\mathrm{d}x$;在区间 $[1, 4]$ 上为正,故在此区间上的面积 $A_2 = \int_1^4 (\sqrt{x} - 1)\mathrm{d}x$. 于是 $y = \sqrt{x} - 1$ 与 $x$ 轴及直线 $x = 0$, $x = 4$ 所围成的图形面积为

$$A = A_1 + A_2 = -\int_0^1 (\sqrt{x} - 1)\mathrm{d}x + \int_1^4 (\sqrt{x} - 1)\mathrm{d}x$$

**解** 作草图,如图 5-18 所示.

令 $y = \sqrt{x} - 1 = 0$,得到 $x = 1$,故曲线与 $x$ 轴交于点 $(1, 0)$,且

$$y = \sqrt{x} - 1 \begin{cases} \leqslant 0, & x \in [0, 1] \\ \geqslant 0, & x \in [1, 4] \end{cases}$$

于是所求面积为

$$
\begin{aligned}
A = A_1 + A_2 &= -\int_0^1 (\sqrt{x} - 1)\mathrm{d}x + \int_1^4 (\sqrt{x} - 1)\mathrm{d}x \\
&= \left( -\frac{2}{3}x^{\frac{3}{2}} + x \right)\Big|_0^1 + \left( \frac{2}{3}x^{\frac{3}{2}} - x \right)\Big|_1^4 \\
&= -\frac{2}{3} + 1 + \frac{14}{3} - 3 = 2
\end{aligned}
$$

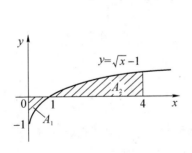
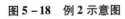

图 5-18 例 2 示意图

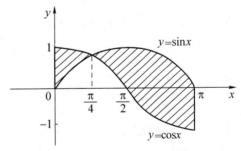

图 5-19 例 3 示意图

**例 3** 求在区间 $[0, \pi]$ 上曲线 $y = \cos x$ 与 $y = \sin x$ 之间所围成的平面图形面积.

**分析** 求若干条曲线所围成的平面图形面积的步骤如下:

(1) 作草图,即在平面直角坐标系中画出有关曲线,确定各条曲线所围成的平面区域.

(2) 求各条曲线交点的坐标,即求解每两条曲线方程所构成的方程组,得到各个交点的

坐标.

（3）求面积，即利用式（5 - 5）或式（5 - 7），适当地选取积分变量，确定积分的上、下限，列式计算平面图形的面积.

**解**  作曲线所围平面图形的草图，如图 5 - 19 所示. 求解联立方程

$$\begin{cases} y = \cos x \\ y = \sin x \end{cases}$$

得到两条曲线的交点坐标为 $\left( \dfrac{\pi}{4}, \dfrac{\sqrt{2}}{2} \right)$，故所围成的平面图形的面积为

$$A = \int_0^{\frac{\pi}{4}} (\cos x - \sin x)\,\mathrm{d}x + \int_{\frac{\pi}{4}}^{\pi} (\sin x - \cos x)\,\mathrm{d}x$$

$$= (\sin x + \cos x) \Big|_0^{\frac{\pi}{4}} + (-\cos x - \sin x) \Big|_{\frac{\pi}{4}}^{\pi} = 2\sqrt{2}$$

**例4**  求由曲线 $4y^2 = x$ 与直线 $x + y = 1.5$ 所围成的平面图形的面积.

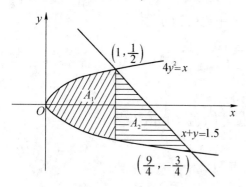

图 5 - 20  例 4 示意图

**分析**  作曲线所围成的平面图形的草图，如图 5 - 20 所示. 由图 5 - 20 可以看出，若选 $x$ 作为积分变量，则所求面积由两块组成，即 $A = A_1 + A_2$，其中 $A_1$ 是由曲线 $y = \dfrac{\sqrt{x}}{2}$ 与 $y = -\dfrac{\sqrt{x}}{2}$ 及直线 $x = 0$，$x = 1$ 所围成的图形面积；$A_2$ 是由直线 $x + y = 1.5$ 与曲线 $y = -\dfrac{\sqrt{x}}{2}$ 及直线 $x = 1$，$x = \dfrac{9}{4}$ 所围成的图形面积. 由于上述计算较繁，故选择 $y$ 作为积分变量.

**解**  所求平面图形的草图如图 5 - 20 所示. 求解联立方程

$$\begin{cases} 4y^2 = x \\ x + y = 1.5 \end{cases}$$

得到交点的坐标分别为 $\left( 1, \dfrac{1}{2} \right)$，$\left( \dfrac{9}{4}, -\dfrac{3}{4} \right)$.

选 $y$ 作为积分变量，将曲线方程改写为 $x = 4y^2$ 和 $x = 1.5 - y$. 由式（5 - 7）可得所围成的平面图形的面积为

$$A = \int_{-\frac{3}{4}}^{\frac{1}{2}} (1.5 - y - 4y^2)\,\mathrm{d}y = \left( 1.5y - \frac{1}{2}y^2 - \frac{4}{3}y^3 \right) \Big|_{-\frac{3}{4}}^{\frac{1}{2}}$$

$$= \frac{125}{96}$$

**注**  如果以 $x$ 作为积分变量，则所求面积为

$$A = \int_0^1 \left[ \frac{\sqrt{x}}{2} - \left( -\frac{\sqrt{x}}{2} \right) \right] \mathrm{d}x + \int_1^{\frac{9}{4}} \left[ (1.5 - x) - \left( -\frac{\sqrt{x}}{2} \right) \right] \mathrm{d}x$$

$$= \frac{125}{96}$$

这时所求面积需要分块计算, 过程是比较麻烦的.

**例 5**　求由星形线

$$x^{\frac{2}{3}} + y^{\frac{2}{3}} = a^{\frac{2}{3}}, \qquad a > 0$$

绕 $x$ 轴旋转得到的旋转体体积 (见图 5 − 21).

**分析**　在求旋转体的体积时, 首先根据旋转体的形状确定是对 $x$ 积分, 还是对 $y$ 积分. 一般地, 求 $y = f(x)$, $x = a$, $x = b$ 所围成的曲边梯形绕 $x$ 轴旋转时, 把旋转体看成由一系列与 $x$ 轴垂直的圆形薄片所组成. 在本例中, 圆形薄片截面面积为 $A(x) = \pi y^2 = \pi \left( a^{\frac{2}{3}} - x^{\frac{2}{3}} \right)^3$, 以此薄片的体积作为体积元素在区间 $[-a, a]$ 上积分, 即

$$V = \pi \int_{-a}^{a} y^2(x) \mathrm{d}x$$

**解**　由方程 $x^{\frac{2}{3}} + y^{\frac{2}{3}} = a^{\frac{2}{3}}$, 解出 $y^2 = \left( a^{\frac{2}{3}} - x^{\frac{2}{3}} \right)^3 \ (x \in [-a, a])$. 于是所求旋转体的体积为

$$V = \pi \int_{-a}^{a} y^2(x) \mathrm{d}x = 2\pi \int_0^a \left( a^{\frac{2}{3}} - x^{\frac{2}{3}} \right)^3 \mathrm{d}x$$

$$= 2\pi \int_0^a \left( a^2 - 3a^{\frac{4}{3}} x^{\frac{2}{3}} + 3a^{\frac{2}{3}} x^{\frac{4}{3}} - x^2 \right) \mathrm{d}x$$

$$= 2\pi \left( a^2 x - \frac{9}{5} a^{\frac{4}{3}} x^{\frac{5}{3}} + \frac{9}{7} a^{\frac{2}{3}} x^{\frac{7}{3}} - \frac{1}{3} x^3 \right) \Big|_0^a = \frac{32}{105} \pi a^3$$

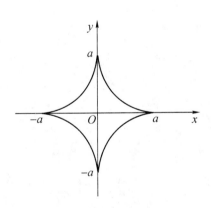

图 5 − 21　例 5 示意图

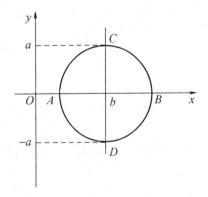

图 5 − 22　例 6 示意图

**例 6**　求圆 $(x - b)^2 + y^2 = a^2 (0 < a < b)$ 绕 $y$ 轴旋转得到的旋转体 (环体) 体积 (见图 5 − 22).

**分析** 将圆的方程改写为 $x = b \pm \sqrt{a^2 - y^2}$. 由图 5 - 22 可知，右半圆弧 $\overparen{CBD}$ 的方程为 $x = x_1(y) = b + \sqrt{a^2 - y^2}$，左半圆弧 $\overparen{CAD}$ 的方程为 $x = x_2(y) = b - \sqrt{a^2 - y^2}$. 环体是这两个半圆在 $y$ 轴 $[-a, a]$ 上所围成的曲边梯形绕 $y$ 轴旋转所得旋转体的体积之差，于是体积微元为

$$dV = \pi[x_1(y)]^2 dy - \pi[x_2(y)]^2 dy = \pi(x_1^2 - x_2^2)dy$$

再求区间 $[-a, a]$ 上的积分，就可得所求旋转体的体积.

**解** 由上述分析可知，圆 $(x - b)^2 + y^2 = a^2$ $(0 < a < b)$ 绕 $y$ 轴旋转得到的旋转体体积为

$$V = \pi \int_{-a}^{a} (x_1^2 - x_2^2)dy = \pi \int_{-a}^{a} [(b + \sqrt{a^2 - y^2})^2 - (b - \sqrt{a^2 - y^2})^2]dy$$

$$= 4\pi b \int_{-a}^{a} \sqrt{a^2 - y^2} dy = 8\pi b \int_{0}^{a} \sqrt{a^2 - y^2} dy$$

$$= 2\pi^2 a^2 b$$

**注** 例 6 的计算中用到了 $\int_{0}^{a} \sqrt{a^2 - x^2} dx = \dfrac{1}{4}\pi a^2$. 这是由该积分的几何意义得出的，涉及圆的有关计算时经常遇到这个积分，不妨将其作为公式记住.

**例 7** 求微分方程 $y' = y^2 \cos x$ 满足初始条件 $y(0) = 1$ 的特解.

**分析** 首先要确定微分方程的类型，这是一个变量可分离的微分方程. 然后将方程化为

$$g(y)dy = f(x)dx$$

的形式，再对其等号两边分别求不定积分. 结果左边是关于 $y$ 的表达式，右边是关于 $x$ 的表达式，这便得到了方程的解，它一般是隐函数的形式.

**解** 将原方程分离变量，得到

$$\frac{dy}{y^2} = \cos x dx$$

对等号两边分别积分，得到

$$\int \frac{dy}{y^2} = \int \cos x dx$$

得到通解

$$-\frac{1}{y} = \sin x + C$$

由初始条件得 $C = -1$. 故原方程满足初始条件的特解为

$$\frac{1}{y} = -\sin x + 1$$

**例 8** 求微分方程 $y' - y\cot x = 2x\sin x$ 的通解.

**分析** 首先要确定微分方程的类型，这是一个一阶线性微分方程. 然后将方程化为标准形式

$$y' + p(x)y = q(x)$$

从而确定了 $p(x) = -\cot x$，$q(x) = 2x\sin x$，再利用一阶线性微分方程的通解公式求解.

**解** 因为 $p(x) = -\cot x$，$q(x) = 2x\sin x$，利用通解公式，得到

$$y = e^{-\int -\cot x dx}\left(\int 2x\sin x e^{\int -\cot x dx}dx + C\right)$$

$$= \sin x\left(\int 2x\sin x \frac{1}{\sin x}dx + C\right)$$

$$= \sin x(x^2 + C)$$

所以原方程的通解为 $y = \sin x(x^2 + C)$.

**例 9**（碳定年代法）　考古、地质学等方面的专家常用 $^{14}C$ 测定法（通常称为碳定年代法）来估计文物或化石的年代，通常假设 $^{14}C$ 蜕变的速度与该时刻 $^{14}C$ 的存量成正比.

**分析**　$^{14}C$ 是由宇宙射线不断轰击大气层，使之产生中子，中子与氮气作用生成的一种具有放射性的物质. 这种放射性碳可氧化成二氧化碳，二氧化碳被植物所吸收，而植物又作为动物的食物，于是放射性碳被带到各种动植物体内. 由于 $^{14}C$ 是放射性的，无论存在于空气中或生物体内，它都在不断蜕变，先求出这种蜕变规律.

**解**　设在时刻 $t$（年）生物体中 $^{14}C$ 的存量为 $x(t)$，生物体的死亡时间记为 $t_0 = 0$，此时 $^{14}C$ 的含量为 $x_0$，则由假设，初值问题

$$\begin{cases} \dfrac{dx}{dt} = -kx \\ x(0) = x_0 \end{cases}$$

的解为

$$x(t) = x_0 e^{-kt} \qquad (5-37)$$

其中 $k > 0$ 为常数，$k$ 前置负号表示 $^{14}C$ 的存量是递减的. 式（5 - 37）表明，$^{14}C$ 是按指数曲线递减的，而常数 $k$ 可由半衰期确定. 记 $^{14}C$ 的半衰期为 $T$，则

$$x(T) = \frac{x_0}{2} \qquad (5-38)$$

将式（5 - 38）代入式（5 - 37），得到

$$k = \frac{1}{T}\ln 2$$

即

$$x(t) = x_0 e^{-\frac{\ln 2}{T}t} \qquad (5-39)$$

**碳定年代法的根据**

活着的生物体通过新陈代谢不断摄取 $^{14}C$，因而它们体内的 $^{14}C$ 与空气中的 $^{14}C$ 含量相同，而生物体死后，停止摄取 $^{14}C$，因而尸体内的 $^{14}C$ 由于不断蜕变而减少. 碳定年代法就是根据生物体死后体内 $^{14}C$ 蜕变减少量的变化情况来判定生物体的死亡时间的.

**碳定年代法的计算**

由式（5 - 39）解得

$$t = \frac{T}{\ln 2}\ln\frac{x_0}{x(t)} \qquad (5-40)$$

由于 $x_0$，$x(t)$ 不便于测量，可把式（5 – 40）做如下修改：

对式（5 – 37）两边分别求导，得到

$$x'(t) = -x_0 k e^{-kt} = -kx(t) \tag{5-41}$$

而

$$x'(0) = -kx(0) = -kx_0 \tag{5-42}$$

式（5 – 42）与式（5 – 41）相除，得到

$$\frac{x'(0)}{x'(t)} = \frac{x_0}{x(t)} \tag{5-43}$$

将式（5 – 43）代入式（5 – 40），得到

$$t = \frac{T}{\ln 2} \ln \frac{x'(0)}{x'(t)} \tag{5-44}$$

由式（5 – 44）可知，只要知道生物体中 $^{14}$C 在其死亡时的蜕变速度 $x'(0)$ 和现在时刻 $t$ 的蜕变速度 $x'(t)$，就可以求得生物体的死亡时间了。在实际计算时，假定现代生物体中 $^{14}$C 的蜕变速度与生物体死亡时的蜕变速度相同。

**马王堆一号墓年代的确定**

马王堆一号墓于 1972 年 8 月出土，当时测得出土木炭标本中的 $^{14}$C 平均原子蜕变数为 29.78 次/s，而新砍伐烧成的木炭中 $^{14}$C 平均原子蜕变数为 38.37 次/s，又知 $^{14}$C 的半衰期为 5 568 年。由此可以把 $x'(0) = 38.37$ 次/s，$x'(t) = 29.78$ 次/s，$T = 5\,568$ 年代入式（5 – 44），得到

$$t = \frac{5\,568}{\ln 2} \ln \frac{38.37}{29.78} \approx 2\,036(\text{年})$$

于是估算出马王堆一号墓是在 2 000 多年前建造的。

# 三、自测试题（60 分钟内完成）

## （一）单项选择题

1. 图 5 – 23 中阴影部分的面积为（　　）。

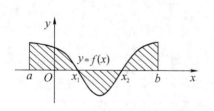

图 5 – 23　第 1 题示意图

A. $\displaystyle\int_a^b f(x)\,dx$

B. $\left| \displaystyle\int_a^b f(x)\,dx \right|$

C. $\displaystyle\int_a^{x_1} f(x)\,dx - \int_{x_1}^{x_2} f(x)\,dx + \int_{x_2}^b f(x)\,dx$

D. $\displaystyle\int_a^{x_1} f(x)\,dx + \int_{x_1}^{x_2} f(x)\,dx + \int_{x_2}^b f(x)\,dx$

2. 设函数 $f(x)$ 是区间 $[-a, a]$ 上的连续奇函数，当 $x > 0$ 时，$f(x) > 0$，则由 $y = f(x)$，$x = -a$，$x = a$ 和 $x$ 轴所围成的平面图形的面积不能用（　　）表示。

A. $2\int_0^a f(x)\,\mathrm{d}x$          B. $\int_{-a}^a |f(x)|\,\mathrm{d}x$

C. $\int_0^a f(x)\,\mathrm{d}x - \int_{-a}^0 f(x)\,\mathrm{d}x$          D. $\int_0^a f(x)\,\mathrm{d}x + \int_{-a}^0 f(x)\,\mathrm{d}x$

3. 下列方程中,(　　) 是一阶线性微分方程.

     A. $y' = \mathrm{e}^{x+y}$          B. $y' = \dfrac{x}{y}$

     C. $y'' + xy' + y = 0$          D. $y' - y = \ln x$

4. 微分方程 $y' = y$ 满足初始条件 $y(0) = 1$ 的特解是(　　).

     A. $y = \mathrm{e}^x$          B. $y = \mathrm{e}^x - 1$

     C. $y = \mathrm{e}^x + 1$          D. $y = 2 - \mathrm{e}^x$

5. 下列函数中,(　　) 是微分方程 $x\mathrm{d}x + y\mathrm{d}y = 0$ 的通解.

     A. $x + y = C$          B. $x^2 + y^2 = C$

     C. $Cx + y = 0$          D. $Cx^2 + y^2 = 0$

（二）填空题

1. 曲线 $y = \dfrac{x^2}{2}$,$x^2 + y^2 = 8$ 所围成的平面图形的面积(上半平面部分) = _____.（用定积分表示）

2. 曲线 $y = x^2$ 与直线 $y = x$ 所围成的平面图形绕 $x$ 轴旋转得到的旋转体体积为 _____.

3. 微分方程 $(y''')^2 + \mathrm{e}^{-2x}y'' = 0$ 是 _____ 阶的.

4. 微分方程 $\mathrm{e}^x(\mathrm{e}^y - 1)\mathrm{d}x + \mathrm{e}^y(\mathrm{e}^x + 1)\mathrm{d}y = 0$ 是 _____ 型微分方程.

5. 微分方程 $y(x - 2y)\mathrm{d}x - x^2\mathrm{d}y = 0$ 是 _____ 型微分方程.

（三）判断题

1. 由定积分的几何意义可知 $\int_{-a}^a \sqrt{a^2 - x^2}\,\mathrm{d}x = \dfrac{\pi}{2}a^2$.        (　　)

2. 若曲边梯形由 $y = f(x)$,$y = g(x)$ 和 $x = a$,$x = b$ 所围成,则该曲边梯形的面积为 $A = \left| \int_a^b [f(x) - g(x)]\,\mathrm{d}x \right|$.        (　　)

3. 函数 $y = \mathrm{e}^{2x}$ 是微分方程 $y'' + y' - 6y = 0$ 的解.        (　　)

4. 微分方程 $\dfrac{\mathrm{d}y}{\mathrm{d}x} = \dfrac{xy}{1 + x^2}$ 满足初始条件 $y(0) = 2$ 的特解是 $y = C\sqrt{1 + x^2}$.        (　　)

5. 微分方程 $y^2y''' - x^4y'' - x(y')^5 + 1 = 0$ 的阶数是 5.        (　　)

（四）计算题

1. 求下列各题中平面图形的面积:

（1）由 $y = \cos x$ 在区间 $[0, \pi]$ 上与 $x$ 轴所围成的图形;

（2）由 $y = x^2$,$x + y = 2$ 所围成的图形.

2. 求曲线 $y = x^3$ 介于点 $(0, 0)$ 和点 $(2, 8)$ 之间的一段分别绕 $x$ 轴与 $y$ 轴旋转得到的旋转体体积.

3. 求微分方程 $y' = \dfrac{xe^x}{3y^2}$ 满足初始条件 $y(0) = 0$ 的特解.

4. 求微分方程 $y' + 5y = 3x$ 的通解.

# 参 考 文 献

[1] 李林曙，黎诣远. 经济数学基础：微积分. 2 版. 北京：高等教育出版社，2010.

[2] 乐茂华. 文科高等数学基础（A）. 上海：华东师范大学出版社，2002.

[3] 袁小明，吴承勋. 文科高等数学. 北京：科学出版社，1999.

[4] 顾静相. 经济数学基础：上册. 5 版. 北京：高等教育出版社，2019.

[5] 潘家齐. 常微分方程. 北京：中央广播电视大学出版社，2002.

[6] 王玉华，赵坚. 高等数学基础. 北京：中央广播大学出版社，2015.

# 习 题 答 案

## 第1章 函数、极限与连续

### 练习1.1

1. (1) $[-5, +\infty)$；(2) $(-\infty, 4)$；(3) $[1, 2) \cup (2, +\infty)$；(4) $[-2, 0) \cup (0, 1)$.

2. $f(0) = -1, f(2) = 3, f(x-1) = \dfrac{x}{x-2}, f\left(\dfrac{1}{x}\right) = \dfrac{1+x}{1-x}, f[f(x)] = x$.

3. $(-1, 9), f(0) = 1, f(1) = 4, f(4) = 1, f[f(1)] = 1$.

4. (1) 偶函数；(2) 偶函数；(3) 奇函数；(4) 非奇非偶函数.

5. (1) $y = \sqrt{u}, u = 3x - 4$；　　　　(2) $y = u^2, u = \sin v, v = \dfrac{1}{x}$；

　　(3) $y = \lg u, u = \cos v, v = x^2 + 1$；　　(4) $y = 2^u, u = \tan v, v = \sqrt{x}$.

### 练习1.2

1. (1) 收敛；(2) 发散.

2. (1) 0；(2) 0；(3) 1.

3. $\lim\limits_{x \to 0^-} f(x) = -1, \lim\limits_{x \to 0^+} f(x) = 1$，在 $x = 0$ 处没有极限存在.

4. $100\,000x, x\cos\dfrac{5}{x}$ 为无穷小量.

5. (1) 11；(2) $-1$；(3) 6；(4) 3；(5) $-\dfrac{1}{2}$；(6) 6.

6. (1) $\dfrac{4}{5}$；(2) $\dfrac{1}{2}$；(3) $\dfrac{1}{4}$；(4) $\dfrac{1}{5}$.

### 练习1.3

1. (1) 当 $b = 1$ 且 $a$ 为任意值时，$f(x)$ 在 $x = 0$ 处有极限存在；

(2) 当 $a = b = 1$ 时，$f(x)$ 在 $x = 0$ 处连续.

2. (1) 连续区间 $(-\infty, 1) \cup (1, +\infty)$，间断点 $x = 1$；

(2) 连续区间 $(-\infty, 2) \cup (2, +\infty)$，间断点 $x = 2$.

## 习题 1

1. (1) $x \neq \pm\sqrt{2}$；(2) $[-1, 0) \cup (0, 1]$；(3) $[-1, 1)$；(4) $x > 1$.

2. $f(x) = \dfrac{1}{(x-1)^2}$，$f(0) = 1$，$f(x-1) = \dfrac{1}{(x-2)^2}$，$f\left(\dfrac{1}{x}\right) = \dfrac{x^2}{(1-x)^2}$.

3. $(-1, +\infty)$，$f(-0.5) = 1.25$，$f(1) = 2$，$f[f(0)] = 2$.

4. (1) 奇函数；(2) 奇函数；(3) 偶函数；(4) 非奇非偶函数.

5. (1) $y = \sqrt{u}$，$u = 3x - 4$；(2) $y = u^3$，$u = \tan v$，$v = (2x^2 + 1)$；

(3) $y = \dfrac{u}{v}$，$u = \lg h$，$h = \lg x$，$v = \sqrt{s}$，$s = \sin t$，$t = 2x - 1$；

(4) $y = e^u$，$u = \sqrt{v}$，$v = x - 1$.

6. (1) 0；(2) $-1$；(3) $-2$；(4) $-\dfrac{1}{2}$；(5) $\dfrac{1}{4}$；(6) $-1$.

7. (1) $b = 2$，$a$ 任意；(2) $a = b = 2$.

8. (1) 不连续，在 $x = 0$ 处没有定义；(2) 不连续，在 $x = 0$ 处极限值不等于函数值；

(3) 连续.

## 自测试题

（一）单项选择题

1. A.　2. D.　3. C.　4. C.　5. A.

（二）填空题

1. $(-2, -1) \cup (-1, 2]$；　2. 2；　3. 4；　4. 1；

5. $(-\infty, -6) \cup (-6, 1) \cup (1, +\infty)$.

（三）判断题

1. ×.　2. √.　3. √.　4. ×.　5. √.

（四）计算题

1. $\dfrac{3}{5}$；　2. $\dfrac{2}{3}$；　3. $-1$；　4. $-1$.

# 第2章  导数与微分

## 练习2.1

1. （1）$y' = 3$ ；（2）$y' = -\dfrac{1}{x^2}$.

2. （1）12 ；（2）$\dfrac{1}{e}$ ；（3）$\ln 3$ ；（4）$-\dfrac{\sqrt{2}}{2}$.

3. （1）0 ；（2）$\dfrac{1}{x\ln 10}$ ；（3）$-\left(\dfrac{1}{2}\right)^x \ln 2$ ；（4）$5x^4$.

4. $y = x + 1$.

5. $(2, 4)$.

6. （1）0 ；（2）$7x^6 \mathrm{d}x$ ；（3）$5^x \ln 5 \mathrm{d}x$ ；（4）$\cos x \mathrm{d}x$.

## 练习2.2

1. （1）$y' = 2x + 2^x \ln 2 + \dfrac{1}{x\ln 2}$ ；（2）$y' = \dfrac{3}{2}\sqrt{x} - \dfrac{1}{\sqrt{x}} - \dfrac{1}{2}\dfrac{1}{\sqrt{x^3}}$ ；

   （3）$\mathrm{d}y = -\dfrac{1}{2}(x^{-\frac{3}{2}} + x^{-\frac{1}{2}})\mathrm{d}x$ ；（4）$y' = \dfrac{ad - cb}{(cx + d)^2}$ ；

   （5）$y' = -\dfrac{6}{x^2} - \dfrac{8}{x^3} - \dfrac{9}{x^4}$ ；（6）$\mathrm{d}y = \left[\dfrac{3}{2}x^{\frac{1}{2}} + \mathrm{e}^x(\sin x + \cos x)\right]\mathrm{d}x$.

2. （1）$y' = \dfrac{3}{2\sqrt{(2 - 3x)^3}}$ ；（2）$\mathrm{d}y = -\dfrac{x}{(3x^2 + 2)(2x^2 + 1)}\mathrm{d}x$ ；

   （3）$\mathrm{d}y = \mathrm{e}^{ax}(a\sin bx + b\cos bx)\mathrm{d}x$ ；（4）$y' = -\dfrac{1}{x^2}\mathrm{e}^{\frac{1}{x}} - \dfrac{1}{2x\sqrt{\ln x}}$ ；

   （5）$y' = \dfrac{1}{\sin x}$ ；（6）$\mathrm{d}y = \dfrac{2 + x - 4x^2}{\sqrt{1 - x^2}}\mathrm{d}x$.

3. （1）$y' = -\dfrac{\mathrm{e}^y + 2}{x\mathrm{e}^y + 2y}$ ；（2）$y' = -\dfrac{2x\sin 2x + y + xy\mathrm{e}^{xy}}{x^2\mathrm{e}^{xy} + x\ln x}$ ；

   （3）$y' = \dfrac{y(2x + y)}{1 - xy - 2y^2}$ ；（4）$\mathrm{d}y = \dfrac{\mathrm{e}^x - y}{\mathrm{e}^y + x}\mathrm{d}x$.

## 练习 2.3

1. （1）$2$ ；（2）$-\dfrac{1}{4}x^{-\frac{3}{2}}\ln x$ ；（3）$-\dfrac{1}{\cos^2 x}$ ；（4）$-\dfrac{4}{\sqrt{(4-x^2)^3}}$.

2. （1）$1$ ；（2）$\dfrac{4}{e}$ ；（3）$1$.

3. $5^x(\ln 5)^n$.

## 习 题 2

1. （1）$2x+\dfrac{5}{2}x^{\frac{3}{2}}$ ；（2）$-\dfrac{1}{\sqrt[2]{x^3}}+\dfrac{3}{\sqrt[2]{x^5}}$ ；（3）$-\sin 2x$ ；（4）$\dfrac{1}{x\ln x}$ ；

$\quad$（5）$-\dfrac{\sin\sqrt{x}}{2\sqrt{x}}2^{\cos\sqrt{x}}\ln 2+\dfrac{1}{2x-1}$ ；（6）$-(x-1)^2 e^{-x}$.

2. （1）$\dfrac{1}{2x}\log_5 e\,\mathrm{d}x$ ；（2）$\dfrac{2}{(1-x)^2}\mathrm{d}x$ ；（3）$\dfrac{1}{\sin x}\mathrm{d}x$ ；（4）$\left(2x\sin\dfrac{1}{x}-\cos\dfrac{1}{x}\right)\mathrm{d}x$.

3. （1）$\dfrac{6xy-3x^2-2\sin 2x}{3y^2-3x^2}$ ；（2）$\dfrac{3\cos 3x-e^{x+y}}{e^{x+y}+2y}\mathrm{d}x$ ；（3）$1$ ；（4）$\dfrac{y(\ln y-e^{x+y})}{ye^{x+y}-x}\mathrm{d}x$.

4. $y=-2x$.

5. $(0,1)$.

6. （1）$\dfrac{2x^3-6x}{(x^2-1)^2}$ ；（2）$e^{-x}(2-4x+x^2)$.

7. 提示：利用奇函数的定义和复合函数求导法则.

## 自测试题

（一）单项选择题

1. D.　2. B.　3. A.　4. C.　5. D.

（二）填空题

1. $27(1+\ln 3)$.　2. $1$.　3. $\dfrac{3}{4}\dfrac{1}{\sqrt{x}}-\dfrac{1}{x^2}$.　4. $\dfrac{1}{2}$.　5. $-\dfrac{1}{2}$.

（三）判断题

1. √.　2. √.　3. √.　4. √.　5. ×.

（四）计算题

1. $10(4x-\sin x)(1+\cos x+2x^2)^9$.

2. $\left(\dfrac{3}{2}\sqrt{x}-\tan x\right)\mathrm{d}x$ .

3. $\dfrac{y\mathrm{e}^{xy}-2x+3y}{2y-3x-x\mathrm{e}^{xy}}$ .

# 第 3 章　导数的应用

## 练习 3.1

1. （1）$(-\infty,0]$，$[2,+\infty)$；（2）$[-2,+\infty)$；

　（3）$(-\infty,0]$，$\left[\dfrac{1}{2},+\infty\right)$；（4）$(-1,+\infty)$ .

2. （1）$(-\infty,0]$，$[2,+\infty)$ 是单调增加区间，$[0,2]$ 是单调减少区间；

（2）$\left(-\infty,\dfrac{5}{2}\right]$ 是单调减少区间，$\left[\dfrac{5}{2},+\infty\right)$ 是单调增加区间；

（3）$(-\infty,+\infty)$ 是单调增加区间；

（4）$(-\infty,0)$，$(0,+\infty)$ 是单调减少区间；

（5）$(-\infty,0]$ 是单调减少区间，$[0,+\infty)$ 是单调增加区间；

（6）$(-\infty,-1]$，$[0,1]$ 是单调减少区间，$[-1,0]$，$[1,+\infty)$ 是单调增加区间；

（7）$\left(0,\dfrac{1}{2}\right]$ 是单调减少区间，$\left[\dfrac{1}{2},+\infty\right)$ 是单调增加区间；

（8）$(-\infty,0]$ 是单调增加区间，$[0,+\infty)$ 是单调减少区间 .

3. （1）提示：令 $f(x)=3-\dfrac{1}{x}-2\sqrt{x}$；（2）提示：令 $f(x)=\sin x-x$ .

## 练习 3.2

1. （1）极小值 $f(1)=-\dfrac{1}{4}$；（2）极大值 $f(-1)=6$，极小值 $f(3)=-26$；

（3）极小值 $f(2)=12$；（4）极小值 $f(-1)=-\dfrac{1}{2}$，极大值 $f(1)=\dfrac{1}{2}$；

（5）极小值 $f(0)=0$；（6）极小值 $f(0)=0$，极大值 $f(0)=4\mathrm{e}^{-2}$ .

2. （1）最大值 $f(4)=16$，最小值 $f(-1)=f(2)=-4$；

（2）最大值 $f\left(\dfrac{3}{4}\right)=\dfrac{5}{4}$，最小值 $f(-5)=\sqrt{6}-5$；

（3）最大值 $f(2)=\ln 5$，最小值 $f(0)=0$；

(4) 最大值 $f\left(-\dfrac{1}{2}\right) = f(1) = \dfrac{1}{2}$，最小值 $f(0) = 0$.

## 练习 3.3

1. (1) $(x, 1-x)$；(2) $A(x) = 2x(1-x)$；(3) $\dfrac{1}{2}$ 平方单位，1 和 $\dfrac{1}{2}$.

2. 长为 $\dfrac{14}{3}$ dm，宽为 $\dfrac{35}{3}$ dm，高为 $\dfrac{5}{3}$ dm，体积为 $\dfrac{2\,450}{27}$ dm³.

3. 面积为 80 000 m²，长为 400 m，宽为 200 m.

4. 面积为 $\dfrac{\pi}{2}$.

5. $h : r = 8 : \pi$.

6. $\dfrac{C}{2} + 50$.

## 习 题 3

1. (1) $(-\infty, 0]$ 是单调减少区间，$[0, +\infty)$ 是单调增加区间；

(2) $(-\infty, +\infty)$ 是单调增加区间；

(3) $(-\infty, 0]$，$[1, +\infty)$ 是单调减少区间，$[0, 1]$ 是单调增加区间；

(4) $(-\infty, 0]$，$[2, +\infty)$ 是单调减少区间，$[0, 1)$，$(1, 2]$ 是单调增加区间.

2. (1) 极大值 $f(3) = 108$，极小值 $f(5) = 0$；

(2) 极小值 $f(1) = 2 - 4\ln 2$；(3) 无极值；(4) 无极值.

3. (1) 最大值 $f(1) = -15$，最小值 $f(3) = -47$；

(2) 无最大值，最小值 $f(-3) = 27$；

(3) 最大值 $f(1) = 0$，最小值 $f\left(\dfrac{1}{2}\right) = -\dfrac{1}{\sqrt{2}}\ln 2$；

(4) 最大值 $f(-10) = 132$，最小值 $f(1) = f(2) = 0$.

4. 长和宽各为 9 cm，18 cm.

5. 当直径与高的比例为 $b : a$ 时，造价最省.

6. 2 418.40 cm³.

7. 如果 $r$ 是半球的半径，$h$ 是圆柱的高，而 $V$ 是体积，则 $r = \sqrt[3]{\dfrac{3V}{8\pi}}$，$h = \sqrt[3]{\dfrac{3V}{\pi}}$.

8. 半径为 $\sqrt{2}$ m，高为 1 m，体积为 $\dfrac{2}{3}\pi$ m³.

9. $(1)$ $\sqrt{\dfrac{2km}{h}}$ ; $(2)$ $\sqrt{\dfrac{2km}{h}}$.

## 自测试题

**（一）单项选择题**
1. C.    2. A.    3. D.    4. B.    5. D.
**（二）填空题**
1. $[-1,0) \cup (0,1]$.    2. 1.    3. $-8$.    4. $f(b)$.    5. 190.
**（三）判断题**
1. √.    2. ×.    3. ×.    4. √.    5. ×.
**（四）计算题**
1. $(1)$ $f(x)$ 在 $[0,+\infty)$ 上单调增加；$(2)$ $f(0)=0$.

2. $a = -\dfrac{2}{3}$, $b = -\dfrac{1}{6}$.

3. 最大值为 $f\left(\dfrac{\pi}{4}\right) = \sqrt{2}$，最小值为 $f\left(\dfrac{5\pi}{4}\right) = -\sqrt{2}$.

**（五）应用题**

1. 当 $x = \dfrac{r}{2}$，$h = \dfrac{r}{2}\sqrt{3}$ 时可使梯形面积最大.

2. 曲线 $y^2 = x$ 上的点 $\left(\dfrac{5}{2}, \dfrac{\sqrt{10}}{2}\right)$ 和点 $\left(\dfrac{5}{2}, -\dfrac{\sqrt{10}}{2}\right)$ 到点 $A(3,0)$ 的距离最短.

3. 当长为 32 m，宽为 16 m 时可使石条墙材料用得最少.

# 第4章  不定积分与定积分

## 练习 4.1

1. 因为 $F'(x) = (\ln x - 1) + 1 = \ln x = f(x)$，所以 $F(x)$ 是 $f(x)$ 的原函数.
2. $F(x) = x^2 - x + C$.

3. $(1)$ $2x^{-\frac{1}{2}} + C$ ; $(2)$ $\dfrac{3^x}{\ln 3} + C$ ; $(3)$ $-\cot x + C$ ; $(4)$ $2x + C$.

4. $(1)$ $\dfrac{1}{3}x^3 - \dfrac{1}{2}x^2 + C$ ; $(2)$ $x + 2\ln|x| - \dfrac{1}{x} + C$ ;

   $(3)$ $\dfrac{1}{2}x^2 + x + C$ ; $(4)$ $\dfrac{2}{3}x\sqrt{x} - 2\sqrt{x} + C$ ;

$(5)\ \dfrac{2\left(\frac{3}{5}\right)^x}{\ln3-\ln5}-\dfrac{3\left(\frac{2}{5}\right)^x}{\ln2-\ln5}+C$ ; $(6)\ \dfrac{(3e)^x}{\ln3+1}-2x+C$ ;

$(7)\ -\cot x-x+C$ ; $(8)\ \sin x-\cos x+C$.

5. $y=2\sqrt{x}+x+2$.

## 练习 4.2

1. $(1)\ -\dfrac{1}{22}(1-2x)^{11}+C$ ; $(2)\ -e^{-x}+C$ ; $(3)\ \dfrac{1}{2}(1+\ln x)^2+C$ ; $(4)\ -\sin\dfrac{1}{x}+C$ ;

$(5)\ \ln|\sin x|+C$ ; $(6)\ \ln|\ln x|+C$ ; $(7)\ -\sqrt{1-x^2}+C$ ; $(8)\ -\dfrac{1}{1+e^x}+C$.

2. $(1)\ \dfrac{x}{2}e^{2x}-\dfrac{1}{4}e^{2x}+C$ ; $(2)\ \left(\dfrac{x^2}{2}-1\right)\ln(x-1)-\dfrac{1}{4}(x+1)^2+C$ ;

$(3)\ -\dfrac{1}{2}(x+1)\cos2x+\dfrac{1}{4}\sin2x+C$ ; $(4)\ 2x\sin\dfrac{x}{2}+4\cos\dfrac{x}{2}+C$.

## 练习 4.3

1. $F'(x)=\sqrt{1+x^2}$.

2. $(1)\ \dfrac{2}{3}$ ; $(2)\ 1$ ; $(3)\ \dfrac{3}{2}+\ln2$ ; $(4)\ \dfrac{5}{2}$ ; $(5)\ \dfrac{271}{6}$ ; $(6)\ 4$.

3. $(1)\ \dfrac{1}{2}\ln2$ ; $(2)\ 3(e-1)$ ; $(3)\ e-\sqrt{e}$ ; $(4)\ \ln2-\dfrac{1}{2}$ ;

$(5)\ 2(\sqrt{3}-1)$ ; $(6)\ \dfrac{1}{3}$.

4. $(1)\ 1$ ; $(2)\ 4$ ; $(3)\ \dfrac{3}{16}e^4+\dfrac{1}{16}$ ; $(4)\ 2-\dfrac{2}{e}$.

5. $(1)\ 0$ ; $(2)\ 6$.

## 练习 4.4

$(1)\ \dfrac{1}{2}$ ; $(2)\ 3$ ; $(3)\ 发散$ ; $(4)\ \dfrac{1}{5}$.

## 习 题 4

1. $y=kx+C$.

2. （1）$\frac{1}{2}x^2 - \frac{2}{x} + C$；（2）$\frac{2}{7}x^{\frac{7}{2}} + 3\ln x + \frac{2^x}{\ln 2} + C$；

（3）$\frac{2}{5}x^{\frac{5}{2}} + x^{-\frac{1}{2}} + C$；（4）$\frac{1}{2}x^2 - \sqrt{2}x + C$；

（5）$\frac{1}{4}x^4 + x^3 - \frac{3}{2}x^2 - 9x + C$；（6）$\sin x - \cos x + C$.

3. （1）$-\frac{2}{15}(2-3x)^{\frac{5}{2}} + C$；（2）$\frac{1}{3\ln a}a^{3x} + C$；

（3）$\frac{1}{2}\ln(1+x^2) + C$；（4）$\ln(1+e^x) + C$；

（5）$\frac{1}{4}\sin^4 x + C$；（6）$\ln x + \frac{1}{2}\ln^2 x + \frac{1}{3}\ln^3 x + C$；

（7）$-\frac{1}{2}(x+1)\cos 2x + \frac{1}{4}\sin 2x + C$；（8）$-e^{-x}(1+x) + C$；

（9）$-\frac{1}{x}(\ln x + 1) + C$；（10）$\frac{x^2-1}{2}\ln(x+1) - \frac{1}{2}x + C$.

4. $\frac{1}{2}$.

5. （1）$\frac{1}{1+\ln a}(ae-1)$；（2）5；（3）$\frac{1}{3}$；（4）$\frac{32}{3}$；（5）$-\frac{2}{\pi^2}$；（6）$\frac{1}{9}(2e^3+1)$.

6. （1）发散；（2）$\frac{1}{4}$.

7. 提示：利用分部积分公式.

## 自测试题

（一）单项选择题

1. D.　2. A.　3. D.　4. C.　5. B.

（二）填空题

1. $e^{-x^2}dx$.　2. $\frac{1}{2}F(2x-3) + C$.　3. $-\frac{1}{2}$.　4. $-e^{x^2}$.　5. 0.

（三）判断题

1. √.　2. √.　3. ×.　4. √.　5. ×.

（四）计算题

1. （1）$\frac{2^x}{\ln 2} + \frac{x^3}{3} + C$；（2）$2\sqrt{5+e^x} + C$；（3）$-\frac{1}{x}\ln x - \frac{1}{x} + C$.

2. （1）$\frac{7}{2}$；（2）1.

# 第5章　积分的应用

## 练习5.1

1. （1）$\dfrac{4\sqrt{2}}{3}-\dfrac{2}{3}$；（2）$\dfrac{e^6-1}{3}$；（3）$\ln2$；（4）$\dfrac{9}{2}$；（5）$\dfrac{46}{3}$；

（6）$\dfrac{128}{3}\sqrt{2}$；（7）$\dfrac{9}{2}$；（8）2.

2. （1）$V_x=7.5\pi$，$V_y=24.8\pi$；（2）$V_x=\dfrac{\pi^2}{4}$，$V_y=2\pi$；

（3）$V_x=\dfrac{128}{7}\pi$，$V_y=\dfrac{64}{5}\pi$.

## 练习5.2

1. （1）二阶；（2）一阶；（3）二阶.

2. （1）$y=1-\dfrac{1}{C(1+x)}$；（2）$\ln^2x+\ln^2y=C$；（3）$\sin y\cos x=C$；

（4）$y=\ln(e^x+e^2-1)$；（5）$ye^y=xe^x$；（6）$(1+y)e^{-y}=\dfrac{1}{2}(1+x^2)$.

3. （1）$x+y=Cx^2$；（2）$x(y-x)=Cy$；（3）$y^2-x^2=Cy$；

（4）$\sin\dfrac{y}{x}=Cx$；（5）$\ln\dfrac{x+y}{x}=Cx$；（6）$y=\dfrac{x}{\ln|x|+C}$.

4. （1）$y=Ce^{2x}-e^x$；（2）$y=\dfrac{1}{2}(x+1)^4+C(x+1)^2$；

（3）$y=x^2\sin x$；（4）$y=\dfrac{x}{\cos x}$.

5. $y=Cx^3$.

6. 极限速度 $\lim\limits_{t\to+\infty}v(t)=\lim\limits_{t\to+\infty}\dfrac{mg}{k}(1-e^{-\frac{k}{m}t})=\dfrac{mg}{k}$.

7. $L=\dfrac{b+1}{a}-x+\left(L_0-\dfrac{b+1}{a}\right)e^{-ax}$.

## 习题5

1. （1）$\dfrac{4}{3}$；（2）18；（3）$e+e^{-1}$；（4）1；（5）1；

（6）$\dfrac{3}{2} - \ln 2$ .

2. $\dfrac{8}{5}\pi$ .

3. $V_x = \dfrac{\pi}{2}$ , $V_y = 2\pi$ .

4. 略 .

5. 略 .

6. （1）$\dfrac{y}{y+1} = \dfrac{C}{x}$ ; （2）$x - \ln(1+x) + \sin y = C$ ;

　　（3）$(1-x)(1+y) = C$ ; （4）$\dfrac{1+y^2}{1-x^2} = C$ .

7. （1）$y^2 - 2\ln(1+e^x) = 1 - 2\ln 2$ ; （2）$\ln|1+y| = (x+1)e^{-x} - 1$ ;

　　（3）$x^2 + y^2 = 25$ ; （4）$2y^3 + 3y^2 - 2x^3 - 3x^2 = -5$ .

8. （1）$\ln|x| + e^{-\frac{y}{x}} = C$ ; （2）$\dfrac{1}{\sin\frac{y}{x}} - \cot\dfrac{y}{x} = Cx$ ; （3）$2xy - y^2 = C$ .

9. （1）$\sin\dfrac{y}{x} = \dfrac{x}{2}$ ; （2）$y = 1 + \ln x$ .

10. （1）$y = C(x+1)e^{-x}$ ; （2）$y = \dfrac{C}{\sqrt{1+x^2}}$ .

11. （1）$y = 2e^{-\frac{x^2}{2}}$ ; （2）$y = e^{\sqrt{1-x^2}}$ ; （3）$y = \dfrac{1}{\cos x}$ .

12. （1）$y = x\left(\ln\dfrac{x}{x+1} + C\right)$ ; （2）$y = (x^2 + C)e^x$ ; （3）$y = (x+1)(e^x + C)$ ;

　　（4）$y = \dfrac{\cos x + C}{x}$ .

13. （1）$y = e^{-x^2}\left(\dfrac{x^2}{2} + 1\right)$ ; （2）$y = \dfrac{\sin x + \pi}{x}$ ; （3）$y = -x + e^x$ ;

　　（4）$y = (x+2)\left(\dfrac{x^2}{2} + 1\right)$ .

14. $y = x^2 - 5$ .

15. （1）8 倍；（2）$\dfrac{10^4}{8}$ 个 .

16. 时刻 $t$ 的物体温度为 $T(t)$ , 空气温度为 $T_0$ , 由题意,

$$T'(t) = -k[T(t) - T_0]$$

其中 $k$ 为比例常数, 负号表示物体温度越来越低 . 于是解得 $T(t) = Ce^{-kt} + T_0$ .

## 自测试题

（一）单项选择题

1. C.　2. D.　3. D.　4. A.　5. B.

（二）填空题

1. $\int_{-2}^{2}\left(\sqrt{8-x^{2}}-\dfrac{x^{2}}{2}\right)\mathrm{d}x$.　2. $\dfrac{2}{15}\pi$.　3. 三.　4. 变量可分离.　5. 齐次.

（三）判断题

1. $\sqrt{}$.　2. ×.　3. $\sqrt{}$.　4. ×.　5. ×.

（四）计算题

1. （1）2；（2）$\dfrac{9}{2}$.

2. $V_{x}=\dfrac{128}{7}\pi$，$V_{y}=\dfrac{96}{5}\pi$.

3. $y^{3}=x\mathrm{e}^{x}-\mathrm{e}^{x}+1$.

4. $y=\dfrac{3}{5}x-\dfrac{3}{25}+C\mathrm{e}^{-5x}$.